精选家常食谱，轻松上手，让每一餐都充满温馨与健康。在这里，家常菜不只是美食，更是家的温暖传递。

全家人的
养生
家常菜

宋敬东　主编

天津出版传媒集团

天津科学技术出版社

图书在版编目（CIP）数据

全家人的养生家常菜 / 宋敬东主编 . -- 天津 : 天
津科学技术出版社 , 2025.4.-- ISBN 978-7-5742-2861-
0（2025.8 重印）

Ⅰ . TS972.161

中国国家版本馆 CIP 数据核字第 2025H2N423 号

全家人的养生家常菜

QUANJIA REN DE YANGSHENG JIACHANG CAI

策划编辑：杨　䯀

责任编辑：张　跃

责任印制：刘　彤

出　　版：天津出版传媒集团
　　　　　天津科学技术出版社

地　　址：天津市西康路 35 号

邮　　编：300051

电　　话：（022）23332490

网　　址：www.tjkjcbs.com.cn

发　　行：新华书店经销

印　　刷：三河市万龙印装有限公司

开本 889×1194　1/24　印张 5　字数 68 000

2025 年 8 月第 1 版第 2 次印刷

定价：68.00 元

随着社会进步和生活水平提升，人们的饮食观念逐步从「吃饱」升级为「吃好」，更加注重健康养生和营养搭配，养生菜品因其强身健体、延年益寿的功效，越来越受到广大民众的喜爱和推崇。

前言

　　在现代社会，食物不仅仅是满足我们生理需求的载体，更是我们追求健康生活的桥梁。饮食不仅仅是为了饱腹，更是对生活品质的一种追求。国人的饮食讲究内容与形式的统一，菜既要做得好吃，又要讲究花色，形色兼备方能使视觉、嗅觉皆获满足。无论是青菜萝卜，还是海鲜肉禽蛋，抑或是山珍干货，一经烹饪，色香味俱全，令人食欲大开。

　　然而，吃得美味并不代表摄取了足够的营养，健康饮食的真谛在于了解食物的营养价值和养生功效，掌握烹饪技巧，让食物的营养得以最大化。鉴于此，《全家人的养生家常菜》应运而生，它不仅是一本食谱，更是一份包含着200多道菜的健康指南，为您和您的家人提供精心策划的营养搭配。

　　在您翻开这本书的刹那，您或许会感受到一股温暖的气息，那是家的味道，是厨房里飘出的香气，是全家围坐一桌的欢声笑语。我们相信，美食是家的语言，烹饪是爱的表达。本书不仅是一本简单的菜谱集合，它更像是一位贴心的家庭营养师，为您和家人的健康保驾护航。

　　全书共分七章，第一章，我们带您走进饮食与烹饪的世界，了解四季饮食养生的注意事项、如何通过五色食物来滋养五脏、不同年龄段人群的饮食搭配，以及烹饪过程中的常用术语。这些基础知识，是您在烹饪美食的同时，也能兼顾健康的重要保障。

　　随着章节的深入，我们从营养排毒的蔬菜开始，为您介绍了多款清新可口的蔬菜佳肴。每一道菜，都是对蔬菜营养的深刻理解和对健康饮食的执着追求。我们希望，这些蔬菜佳肴不仅能满足您对美味的追求，更能为您的身体带来清新的活力。

美味健康全面升级，养生知识与美食制作完美结合，让您和家人健康饮食每一天。

在强身健体的畜肉菜、益气补虚的禽肉菜、防病健骨的豆制品、生肌健力的蛋类以及健脑美容的水产等章节中，我们精选了众多家常菜谱，每一道都是对食材的精挑细选，对烹饪方法的深入研究。我们旨在通过这些菜谱，让您的餐桌更加丰富多彩，让您和家人的身体更加健康强壮。

书中详细介绍了所用的材料、调料，并将食材处理与烹饪方法进行分步详解，简明清晰，详略得当，图片一目了然，方便读者快速掌握菜品的制作要点。即使是初学做菜的新手也能很快上手，做出一桌色香味俱佳的美味佳肴。

这是一本充满爱心的食谱，每一类菜品都是对健康饮食理念的实践，每一道菜都是对家人健康的关爱。它承载着我们对家的眷恋和对健康的追求。我们希望本书能够成为您厨房中的宝典，帮助您为家人烹饪出营养均衡、美味可口的家常菜。让每一餐都成为家人健康的守护，让家常菜成为传递爱与关怀的纽带。愿《全家人的养生家常菜》陪伴您和您的家人，共享每一个温馨美好的"食光"，让健康与美味同行，让家的味道永远温馨如初。

中国传统医学养生理论中，对于食物养生早有精当的研究和充分的阐述。《黄帝内经》中有"五谷为养，五果为助，五畜为益，五菜为充"的说法。

目录

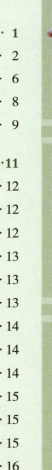

第三章 强身健体畜肉菜 ·········· **39**

第五章　防病健骨豆制品 …………………… 75

第六章　生肌健力蛋类 …………………… 83

第一章

饮食与烹饪常识介绍

四季饮食养生

冬去春来，寒暑易节，我们的生活各方面都应该应天顺时，而饮食——人体摄取营养的最主要渠道——更应该顺应天时。所谓四季饮食养生，就是说人们的饮食应该紧扣温、热、凉、寒的四季特点，根据气候的变化来调整。

春季饮食养生

（1）春季饮食，养肝为先

从饮食科学的观点来看，春季饮食应强调蛋白质、碳水化合物、维生素、矿物质保持相对比例，防止饮食过量、暴饮暴食，避免引起肝功能障碍和胆汁分泌异常。

春季饮食，养肝为先。按中医观点，春季养阳重在养肝。在五行学说中，肝属木，与春相应，主生发，在春季萌发、生长，因此应注意在春季养阳。

春季是细菌、病毒繁殖滋生的旺季，肝脏具有解毒、排毒的功能，负担最重，而且由于肝气生发，也会引起旧病复发。春季肝火上升，会使虚弱的肺阴更虚，故肺结核病会乘虚而入。中医认为，春在人体主肝，而肝气自然旺于春季，因此，春季养生不当，便易伤肝气。为适应季节气候的变化，保持人体健康，在饮食调理上应当注意养肝，可多食用大蒜类食物。

（2）春季要养阳

阳，是指人体阳气。中医认为，"阳气者，卫外而为"，即阳气对人体起着保卫作用，可使人体坚固，免受自然界六淫之气的侵袭。春天在饮食方面，要遵照《黄帝内经》里提出的"春夏补阳"的原则，多吃些温补阳气的食物，以使人体阳气充实，增强人体抵抗力，抵御以风邪为主的邪气对人体的侵袭。

由于肾阳为人体阳气之根，故在饮食上养阳，还应包括温养肾阳之意。春天人体阳气充实于体表，因而体内阳气会显得不足，所以在饮食上应多吃点培补肾阳的东西，葱、蒜、韭菜等都是养阳的佳品。

（3）春季饮食要清淡

春季饮食由冬季的膏粱厚味转变为清温平淡，应少吃肥肉等高脂肪食物，因为油腻的食物食后容易产生饱腹感，人体就会产生疲劳感。春季饮食宜温热，忌生冷。多喝水可增加循环血容量，有利于养肝和代谢废物的排泄，可降低毒物对肝的损害。补水还有利于腺体分泌，尤其是胆汁等消化液的分泌。春季饮香气浓郁的花茶，有助于散发冬天积在体内的寒邪，促进人体阳气生发、瘀滞疏散。适量饮茶，还可提神解困，但春季不宜贪冷饮。

（4）春季应多食蔬菜

经过冬季之后，很多人会出现维生素、无机盐及微量元素摄取不足的情况，这是由于新鲜蔬菜吃得少造成的。如春季常发生的口腔炎、口角炎、舌炎、夜盲症和某些皮肤病等，这些病症都是因为新鲜蔬菜吃得少而造成的营养失调现象。随着春季的到来，各种新鲜蔬菜大量上市，一定要多吃点新鲜蔬菜，以利于身体健康。另外，春季应多吃能清除里热的食物，因为漫长的冬季容易导致体内郁热。消除郁热的方法有很多，多吃点清除郁热的食物最好。春季容易出现口干舌燥、皮肤粗糙、干咳等病症，所以在饮食上应多吃些能补充人体津液的食物，如梨、蜂蜜、山楂等，切忌黏硬、生冷、肥甘味厚的食物。春季肝气偏亢，易伤脾胃，损害了脾胃的吸收消化功能，而黏硬、生冷、肥甘味厚的食物本来就不易消化，再加上脾胃功能不佳，就会生痰、生湿，进一步加重和损害脾胃功能。

夏季饮食养生

（1）夏季饮食要注意些什么

第一，饮食要合理搭配，清淡开胃，选择富含水溶性维生素和矿物质的食物。细粮和粗粮适当搭配，每周吃三次粗粮。干和稀适当安排，如早上可喝牛奶或豆浆、面食及水果，中午吃米饭，晚上吃稀饭、面食。荤食和蔬菜合理搭配，以绿叶蔬菜、瓜果、豆类等蔬菜为主，辅以荤食，肉类以猪瘦肉、牛肉、鸡肉及鱼虾为主。

多吃水果、蔬菜以补充丢失的维生素和矿物质。多吃富含钾的食物，新鲜蔬菜和水果中含有较多的钾，适当选用草莓、杏、荔枝、桃子、李子、香蕉、西瓜等水果；蔬菜中的青菜、大葱、芹菜、毛豆等含钾也丰富。茶叶中亦含有较多的钾，夏天多饮茶，既可消暑，又能补钾，可谓一举两得。动物的肝脏、肾脏、蛋黄、牛奶、全谷类食物含有丰富的 B 族维生素，可以适当地选用。另外，适当地吃些凉拌菜可以增进食欲。

第二，科学地解渴。夏天运动或劳作后容易出汗，产生口渴感，这时有人会猛喝冷开水，这种解渴方法不科学。因为人出汗除了水分丢失之外，盐分也丢失，盐分是把水留在细胞内的一个因素。这时饮下去的开水不能在细胞内停留，反而又随汗液排出，并带出一定量的盐分。这样形成了白开水喝得越多，汗出得越多，盐分也失去越多的恶性循环。

大量出汗后也不宜饮用含气的饮料，因为气体在胃内会产生饱胀感，容易妨碍体液的补充和吸收，细胞缺水状态得不到纠正。含高糖的饮料也不适合，饮用后会造成胃部不适。有的人解渴爱用冰冷饮料，其实，冰冷饮料中水分子大部分处于聚合状态，分子团大，不容易渗入细胞，而热饮料单分子多，能迅速渗入细胞，纠正细胞缺水的状态。因此，当你渴的时候，正确的方法是选择低糖、无碳酸气、含钾、钠（盐分）的饮料，并以中等量、分多次饮用。

第三，规律进食，不能暴饮暴食。按时就餐，不能想吃的时候就吃，不想吃的时候就不吃，以免打乱胃肠道的正常活动。少食多餐，晚餐吃到八分饱即可。

第四，讲究饮食卫生。膳食最好现做现吃，生吃的瓜果要洗净消毒。在做凉拌菜时，应加蒜泥和醋，既可调味，又能杀菌，而且能增进食欲。饮食不可过度贪凉，以防病原微生物趁虚而入。适当喝些冷饮，能起到一定的祛暑作用，但不可食之过多。

第五，夏季饮食宜选择绿豆、西瓜、莲子、荞麦、大枣、牛乳、豆浆、甘蔗、梨、百合、苦瓜、菊花、薏米等食物。如绿豆粥、薏米粥、荷叶粥、菊花茶等。

第六，老人、儿童因为脾胃功能弱，应少吃生冷食物，少喝冷饮。荤食以鱼类最好，辅以瘦肉、牛肉、鸡肉等。

第七，糖尿病病人要注意，冷饮、水果虽诱人，却不能多吃。因为饮料、冰激凌中含有很多的糖，口渴时选用清茶、开水为好。如果想吃，则需要按交换原则，适当减去其他食物的进食量，比如，相应减少饭量。糖尿病病人夏季的饮食卫生要特别注意，因为糖尿病可能因急性胃肠炎而诱发酮症酸中毒、高渗性昏迷，因此绝对不能掉以轻心。

（2）夏季饮食要注意补充热量

人们一般都认为，冬天气候寒冷，人体需要较多的热量来保护。但有关的研究实验证明，一个人在冬季所需要的热量远没有夏天多。一位美国科学家研究发现：在 40℃和 –40℃的环境中，人体在一昼夜所耗费的热量，热天比冷天要多出 1675 焦耳。因此，人在夏天要比在冬天更需要多摄取一些营养丰富的食物，以弥补体能的消耗。

秋季饮食养生

（1）秋季应多吃滋润清肝的食物

秋季天气逐渐变凉，秋风一起，雨水减少，温度下降，气候变燥，人体容易发生一些"秋燥"反应，此时，宜多吃具有清淡、滋润、清肝作用的食物。

主食可吃大米、小麦、糯米，可预防秋季肺燥咳嗽、肠燥便秘；副食可选食鱼肉、牛肉、乌骨鸡、鸡蛋、豆制品等；蔬菜可吃芹菜、豆芽菜、萝卜、冬瓜、西红柿、藕、菠菜、苋菜、菜花、胡萝卜、荸荠、茭白、南瓜、小白菜、卷心菜等；水果可吃苹果、石榴、葡萄、杧果、柚子、柠檬、山楂、香蕉、菠萝、梨等；饮料方面可喝豆浆、稀粥、牛奶和水，以维持水代谢平衡，防止皮肤干燥、邪火上侵。

（2）秋季饮食要注意膳食平衡，少吃辛辣刺激之物

秋季的饮食很重要，因为它既要补充夏季的消耗，又要为越冬做准备，但也不能大吃大喝，要防止摄入过多热量，应合理安排，做到膳食平衡。

另外，秋季饮食中应少吃辛辣刺激、油炸、烧烤等食物，这些食物包括辣椒、花椒、桂皮、生姜、葱及酒等，特别是生姜。这些食物属于热性食物，在烹饪中又失去了不少水分，食后容易上火，加重秋燥对人体的危害。当然，将少量的葱、姜、辣椒作为调味品，问题并不大，但不要常吃、多吃。比如生姜，它含挥发油，可加速血液循环，同时含有姜辣素，具有刺激胃液分泌、兴奋肠道、促进消化的功能；生姜还含有姜酚，这种物质可减少胆结石的发生。所以它既有利亦有弊，民间也因此留下了"上床萝卜下床姜"一说，说明姜可吃，但不可多吃。特别是秋天，最好别吃生姜，因为秋天气候干燥，燥气伤肺，再加上吃辛辣的生姜，更容易伤害肺部，加剧人体失水、干燥。

（3）秋季可多食用茄子、萝卜

农谚曾有"秋败茄子似毒药"之语，其实，"秋败茄子似毒药"是个误区。秋天的茄子并无毒，

只要是新鲜的茄子，其蛋白质及钙含量均比番茄高出三倍多，且含丰富的维生素（芦丁），是西药维脑路通的主要成分，常吃茄子对高血压、动脉粥样硬化、心脑血管病、坏血病都有一定的食疗作用。中医认为，茄子能清热，对大便干结、痔疮出血者有益。但烹饪时，不要进行煎炸，以免破坏茄子的营养成分，影响食用价值。

农谚有"头伏萝卜二伏菜"之说，还有"萝卜就茶，气得大夫满地爬"的俗谚。专家认为，萝卜有许多药用价值，比如其种子能消食化痰、下气定喘；叶子能止泻；萝卜结子老死的根，叫地枯萝，能利尿消肿。更难得的是，萝卜的这类药用效应与茶有着相融之处，入秋吃点萝卜、喝点好茶，对消除夏季人体中郁积的毒热之气、恢复神清气爽大有裨益。

冬季饮食养生

（1）冬季饮食要注意防"燥"

冬季在抵御寒气的同时也要注意，散寒助阳的温性食物往往热量偏高，食用后体内容易积热，常吃会导致肺火旺盛，其表现为口干舌燥等。如何才能压住"燥气"呢？中医认为，最好选择一些"甘寒"食品，也就是属性偏凉的食物来制约。

冬天可选择的"甘寒"食物比较多，比如，可在进补的热性食物中添加点甘草、茯苓等凉性药材来减少热性，避免进补后体质过于燥热。平时的饮食中，也可以选用凉性食物，如龟、鳖、兔肉、鸭肉、鹅肉、鸡肉、鸡蛋、海带、海参、蜂蜜、芝麻、银耳、莲子、百合、白萝卜、大白菜、芹菜、菠菜、冬笋、香蕉、生梨、苹果等。

（2）冬季炖牛肉最好加点白萝卜

冬季很多人喜欢炖牛肉，最好在其中加点白萝卜。民间有"冬吃萝卜夏吃姜，不用医生开药方"的说法。这是因为白萝卜味辛、甘，性平，有下气、消积、化痰的功效，它和牛肉的"温燥"调和平衡，不仅补气，还能消食。

（3）脾胃虚寒之人不宜多食"甘寒"食物

凉性食物虽然有镇静和清凉消炎的作用，但并不适用于所有人。平常有燥热、手脚心发热、盗汗等阴虚症状的人，可以适当选择"甘寒"食物。比如，鸭肉性凉，可以补虚、除热、和脏腑、利水，对于伴有虚弱、食少、低热、便干、水肿的心血管疾病病人更为适宜。一般来说，脾胃虚寒的人不宜进食寒性食品和凉性补药，反而可以吃一些常人不宜过量食用的热性食物，如狗肉、羊肉等。但也要注意，不要补过量，热量摄入太多会聚在体内，容易上火，导致阳气外泄，对人体营养平衡造成破坏。

五色食物对应五脏

饮食是健康的基础，要想维持健康就得合理膳食。中医认为，"药食同源"，不同颜色的食物可以食疗不同的疾病，而且可以保证自身血"质"良好。例如，心功能不好的人可多食红色食物；肝功能不好的人可多食绿色食物；脾功能（消化功能）不好的人可多食黄色食物；肺功能不好的人可多食白色食物；肾功能不好的人可多食黑色食物。

红色食物养心

红色食物包括胡萝卜、红辣椒、番茄、西瓜、山楂、红枣、草莓、红薯、红苹果等。按照中医的五行学说，红色为火、为阳，故红色食物进入人体后可入心、入血，大多具有益气补血和促进血液、淋巴液生成的作用。

研究表明，红色食物一般具有极强的抗氧化性，它们富含番茄红素、丹宁酸、维生素 A、维生素 C 等，可以保护细胞，具有抗炎作用，能增强人的体能和缓解因工作生活压力造成的疲劳。尤其是番茄红素，对心血管具有保护作用，有独特的氧化能力，能保护体内细胞，使脱氧核糖核酸及免疫基因免遭破坏，减少癌变危害，降低胆固醇。

有些人易受感冒病毒的侵害，多食红色食物可增强机体免疫力，提高人体抵御感冒的能力。如胡萝卜所含的胡萝卜素，可以在体内转化为维生素 A，保护人体上皮组织，预防感冒。

此外，红色食物还能为人体提供丰富的优质蛋白质和许多无机盐、维生素以及微量元素，能大大增强人体的心脏功能和造血功能。因此，经常食用一些红色食物，对增强心脑血管活力、提高淋巴免疫功能颇有益处。

黄色食物养脾

五行中黄色为土，因此，黄色食物摄入后，其营养物质主要集中在中医所说的"中土"（脾胃）区域。

黄色的食物，如南瓜、玉米、花生、大豆、土豆、杏等，可提供优质蛋白、脂肪、维生素和微量元素等营养物质，常食对脾胃大有裨益。此外，在黄色食物中，维生素 A、维生素 D 的含量均比较丰富。维生素 A 能保护肠道、呼吸道黏膜，可以减少胃炎、胃溃疡等疾病的发生；维生素 D 能促进身体对钙、磷元素的吸收，进而起到壮骨强筋的功效。

绿色食物养肝

近年来，绿色食品始终扮演着生命健康的"清道夫"和"守护神"的角色，因而备受人们青睐。

绿色食物主要指芹菜、西蓝花、菠菜等，这类食物水分含量高达90%～94%，而且热量较低。中医认为，绿色（含青色和蓝色）入肝，多食绿色食品具有疏肝强肝的功效，是良好的人体"排毒剂"。另外，五行中"青绿"克"黄"（木克土，肝制脾），所以绿色食物还能起到调节脾胃消化吸收功能的作用。绿色蔬菜中含有丰富的叶酸成分，而叶酸已被证实是人体新陈代谢过程中非常重要的维生素之一，可有效地消除血液中过多的同型半胱氨酸，从而保护心脏的健康。绿色食物还是钙元素的最佳来源，绿色蔬菜无疑是补钙的佳品。

白色食物养肺

白色食物主要指山药、燕麦片等。白色在五行中属金，入肺，偏重益气行气。据科学分析，大多数白色食物，如牛奶、大米、面粉和鸡、鱼类等，蛋白质成分都比较丰富，经常食用既能消除身体的疲劳，又可促进疾病的痊愈。此外，白色食物还是一种安全性相对较高的营养食物，因为它的脂肪含量比红色食物低得多，十分符合科学的饮食方式。特别是高血压、心脏病、高血脂、脂肪肝等患者，多食用白色食物会更好。

黑色食物养肾

黑色食物是指颜色呈黑色、紫色、深褐色的各种天然植物或动物，如黑木耳、黑茄子等。五行中黑色主水，入肾，因此，常食黑色食物更益于补肾。研究发现，黑米、黑芝麻、黑豆、黑木耳、海带、紫菜等的营养保健和药用价值都很高，它们可明显降低动脉硬化、冠心病、脑中风等疾病的发生率，对流感、气管炎、慢性肝炎、肾病、贫血、脱发、早白头等病症均有很好的辅助治疗效果。

不同年龄人的饮食搭配

不同年龄层的人身体状况不一样,对饮食的需求也各不相同,因此,饮食养生要根据不同年龄层人的不同需求进行合理搭配,尽量让食物的营养被身体吸收。

儿童

儿童在饮食上,可准备营养价值更高一些更精一些的食物,使之充分被消化、吸收、利用。儿童身体处于成长期,智力发育迅速,开始进入学校,体力活动也增加了,所以需要更多的营养和能量,同时还要给儿童补充健脑食品。

青少年

青少年期生长发育迅速,代谢旺盛,加之活动量大、学习压力重,对能量和营养素的需求都增加,必须全面、合理地摄取营养,并要特别注意蛋白质和热能的补充。为此,应保证足够的饭量,并摄入适量的脂肪。

维生素是维持身体正常生长和调节机体生理功能的重要物质。青少年的需要也比其他年龄段的人多。缺乏维生素,容易引起各种维生素缺乏症,从而使发育迟缓,发生各种疾病,因此,青少年应多吃含维生素丰富的食物。

中年人

中年人的饮食,除了正常热量的饮食外,就是在劳动量增加的情况下,增加高热量、高蛋白的饮食。所谓正常热量的饮食,一般认为,每天每千克体重需蛋白质1克,脂肪0.5~1.0克,糖类400~600克,其他各种矿物质、维生素,主要由副食品予以补充。中年人虽然对蛋白质的需求量比正处在生长发育期的青少年要少,但是对于生理功能逐渐减退的中年人来说,提供丰富、优质的蛋白质是十分必要的。

老年人

老年人的饮食中必须保证钙、铁和锌的含量,每人每天分别需要0.6毫克、12毫克和15毫克。人到老年后,体内代谢过程以分解代谢为主,所以需要及时补充这些消耗。尤其是组织蛋白的消耗,每天所需蛋白质以每千克体重1克计算。此外,老年人要注意米、面、杂粮的混合食用,并应在一餐中尽量混食,以提高主食中蛋白质的利用价值。

烹饪术语介绍

在菜谱书中，我们经常会看到一些专业术语，如火候、焯水、挂糊、上浆、勾芡……对于刚下厨的人来说，这些术语总让人摸不着头脑。其实了解这些并不难，这里就为大家做简单的介绍。

焯水

焯水就是将初步加工的原料放在开水锅中加热至半熟或全熟，取出以备进一步烹调或调味，是烹调中（特别是凉拌菜）不可缺少的一道工序，对菜肴的色、香、味，特别是色起着关键作用。焯水的运用范围较广，大部分蔬菜和带有腥膻气味的肉类原料都需要焯水。

焯水的方法主要有两种：一种是开水锅焯水；另一种是冷水锅焯水。

开水锅焯水，就是将锅内的水加热至沸腾，然后将原料下锅。下锅后及时翻动，时间要短，要讲究色、脆、嫩，不要过火。这种方法多用于植物性原料，如芹菜、菠菜、莴笋等。

冷水锅焯水，是将原料与冷水同时下锅，水要没过原料，然后烧开，目的是使原料成熟，便于进一步加工。土豆、胡萝卜等因体积大，不易成熟，需要煮得时间长一些。有些动物性原料，如白肉、牛百叶、牛肚等，也是冷水下锅加热成熟后再进一步加工的。有些用于煮汤的动物性原料也要冷水下锅，在加热过程中使营养物质逐渐溢出，使汤味鲜美。如用热水下锅，则会造成蛋白质凝固。

上浆

在切好的原料下锅之前，给其表面挂上一层浆或糊之类的保护膜，这一处理过程叫上浆或挂糊（稀者为浆，稠者为糊）。

上浆的作用主要有以下两点：

上浆能保持原料中的水分和鲜味，使烹调出来的菜肴具有滑、嫩、柔、脆、酥、香、松或外焦里嫩等特点。

上浆能保持原料不碎不烂，增加菜肴形与色的美观。

挂糊

挂糊是烹调中常用的一种技法，行业习惯称"着衣"，即在经过刀工处理的原料表面挂上一层像衣一样的粉糊。挂糊虽然是个简单的过程，但实际操作时并不简单，稍有差错，往往会造成"飞浆"，影响菜肴的美观和口味。

挂糊时应注意以下问题：

首先，把要挂糊的原料上的水分挤干，特别是经过冷冻的原料，挂糊时很容易渗出一部分水而导致脱浆。还要注意，液体调料也要尽量少放，否则会使浆料上不牢。

其次，要注意调味品加入的次序。一般来说，要先放入盐、味精和料酒，再将调料和原料一同使劲拌和，直至原料表面发黏后才可再放入其他调料。先放盐可以使咸味渗透到原料内部，同时使盐和原料中的蛋白质形成"水化层"，可以最大限度地保持原料中的水分少受或几乎不受损失。

过油

过油是将备用的原料放入油锅进行初步热处理的过程。过油能使菜肴口感滑嫩软润，保持和增加原料的鲜艳色泽，而且富有风味特色，还能去除原料的异味。

过油时要根据油锅的大小、原料的性质以及投料的多少等方面正确地掌握油的温度。

根据火力的大小掌握油温。急火，可使油温迅速升高，但极易造成互相粘连散不开或出现焦糊现象；用慢火，原料在火力比较小、油温低的情况下投入，则会使油温迅速下降，出现脱浆，从而达不到菜肴的要求，故原料下锅时油温应高些。

根据投料数量的多少掌握油温。投料数量多，原料下锅时油温可高一些；投料数量少，原料下锅时油温应低一些。

油温还应根据原料质地的老嫩和形状大小等情况适当掌握。

过油必须在急火热油中进行，而且锅内的油量以能浸没原料为宜。原料投入后由于原料中的水分在遇高温时立即汽化，易将热油溅出，须注意防止烫伤。

勾芡

勾芡是在菜肴接近成熟时，将调好的淀粉汁淋入锅内，使汤汁稠浓，增加汤汁对原料的附着力，从而使菜肴汤汁的粉性和浓度增加，改善菜肴的色泽和味道。

要勾好芡，需掌握几个关键点：

一是掌握好勾芡时间，一般应在菜肴九成熟时进行，过早勾芡会使汤汁发焦，过迟勾芡易使菜受热时间过长，失去脆、嫩的口感。

二是勾芡的菜肴用油不能太多，否则卤汁不易粘在原料上，不能达到增鲜、美观的目的。

三是菜肴的汤汁要适当，汤汁过多或过少，会造成芡汁过稀或过稠，从而影响菜肴的质量。

四是用单纯粉汁勾芡时，必须先将菜肴的口味、色泽调好，然后再淋入湿淀粉勾芡，才能保证菜肴的味美色艳。

第二章

营养排毒蔬菜

陈醋白菜

材 料 白菜心 400 克，红椒圈 10 克

调 料 白糖 15 克，味精 2 克，香油适量，陈醋 20 克

制作方法

① 将白菜心洗净，改刀，入沸水中焯熟。

② 用白糖、味精、香油、陈醋调成味汁。

③ 将味汁倒在白菜上进行腌渍，撒上红椒圈即可。

酸辣白菜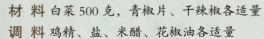

材 料 白菜 500 克，青椒片、干辣椒各适量

调 料 鸡精、盐、米醋、花椒油各适量

制作方法

① 白菜洗净，取梗部切菱形片；干辣椒洗净，切段。

② 油锅烧热，下干辣椒、青椒片爆香。

③ 再放入白菜梗，炒至白菜变软时，加盐、鸡精、米醋炒匀，淋入花椒油即可。

蒜蓉粉丝蒸娃娃菜

材 料 粉丝、娃娃菜各 250 克

调 料 蒜蓉、葱丝、葱花、生抽各 30 克，盐、味精各 5 克，高汤适量

制作方法

① 娃娃菜洗净，对半切开；粉丝泡发，与葱丝、娃娃菜装盘蒸熟。

② 油锅烧热，放入蒜蓉爆香，再放入高汤、生抽、盐、味精，烧至汁浓，均匀淋入装有娃娃菜和粉丝的盘中，撒上葱花即可。

炝白菜卷

材 料 白菜250克，莴笋丝25克，青椒丝10克
调 料 盐、白糖各3克，酱油、醋各少许，干红椒、香油各少许

制作方法

① 白菜洗净沥水。
② 油锅烧热，下干红椒炸香，加莴笋丝、青椒丝快速翻炒，调入盐、白糖、酱油、醋，炒熟后盛出。
③ 白菜蒸熟后，放上炒好的食材卷成筒状切段，摆盘后淋入香油即成。

香油白菜心

材 料 白菜心500克
调 料 干辣椒、白糖、盐、鸡精、香油各适量

制作方法

① 将白菜心洗净切细丝，加少许盐略腌，用清水冲洗，挤去水分待用；干辣椒洗净，切段。
② 锅中加水烧沸，下入白菜丝稍焯，捞出装盘。
③ 油锅烧热，下干辣椒炝出香味，起锅浇在白菜心上，再加入白糖、盐、鸡精、香油拌匀即可。

黄瓜泡菜

材 料 黄瓜500克
调 料 盐8克，醋9克，蒜10克，青、红椒各1个

制作方法

① 黄瓜洗净切段，沥干水分；青、红椒洗净，用刀稍微拍烂；蒜去皮洗净。
② 黄瓜用盐拌匀，稍腌，用水冲净后沥水。
③ 将各种备好的原材料装入泡菜坛中，加醋、盐，倒凉开水至没过材料，封好口，腌制2天后即可食用。

蓑衣黄瓜

材 料 嫩黄瓜2根

调 料 盐、白糖、味精、香叶、干红椒各适量

制作方法

① 黄瓜洗净，分别从两侧斜向切花刀，切成蓑衣状（注意不能切断）。

② 将适量开水倒入碗中，放入所有调味料，制成味汁。

③ 待开水凉后，将切好的黄瓜放入其中腌渍24小时即可。

黄瓜圣女果

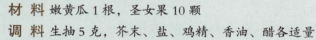

材 料 嫩黄瓜1根，圣女果10颗

调 料 生抽5克，芥末、盐、鸡精、香油、醋各适量

制作方法

① 黄瓜洗净，切成丝，加盐、鸡精、香油、醋拌匀。

② 先将圣女果摆入盘中，再将黄瓜丝堆在圣女果上面。

③ 取一小碟，放入准备好的芥末和生抽，制成味碟，蘸着吃即可。

黄瓜蒜片

材 料 黄瓜500克，大蒜10克

调 料 干辣椒5克，香油20克，盐4克，味精3克

制作方法

① 黄瓜洗净切片，放进沸水中焯一下，捞起控干水，装盘待用。

② 大蒜去皮洗净，切片；干辣椒洗净切丁。

③ 黄瓜片、蒜片、辣椒丁一起装盘，加入香油、盐、味精，拌匀即可。

辣拌黄瓜

材 料 黄瓜 300 克，红辣椒适量

调 料 盐 2 克，味精 1 克，醋 10 克，香油 5 克，泡椒适量

制作方法

① 黄瓜洗净，切成长条；红辣椒洗净，切成条。

② 将盐、味精、醋、香油调成味汁，浇在黄瓜上面，再撒上泡椒、红辣椒条即可。

南瓜百合

材 料 南瓜 250 克，鲜百合 150 克，红枣 50 克

调 料 白糖 5 克，蜜汁 10 克

制作方法

① 南瓜洗净，削皮去瓤，切成菱形块；鲜百合洗净；红枣泡发洗净，去核。

② 鲜百合用白糖拌匀，与南瓜、红枣一起摆盘。

③ 放入锅中以大火蒸 7 分钟，取出后淋上蜜汁即可。

丝瓜滑子菇

材 料 丝瓜 350 克，滑子菇 20 克，红椒少许

调 料 盐、鸡精、淀粉、香油各适量

制作方法

① 丝瓜洗净，去皮切成长条；滑子菇洗净；红椒洗净，切成片。

② 锅中加油烧热，爆香红椒片，加入丝瓜条翻炒至熟软。

③ 再加入滑子菇翻炒至熟，加盐、鸡精、香油翻炒至入味，用水淀粉勾芡即可。

凉拌苦瓜

材　料　苦瓜 400 克，枸杞 10 克

调　料　盐、鸡精、白糖、醋、辣椒油、香油各适量

制作方法

① 苦瓜洗净，对半剖开，去瓤切片。

② 锅内加水烧开，下入苦瓜略焯，捞出过凉，沥水。

③ 将苦瓜放入盘内，加枸杞、白糖、鸡精、盐、醋、辣椒油和香油拌匀即可。

百合菠萝炒苦瓜

材　料　百合 200 克，菠萝果肉 200 克，苦瓜 250 克

调　料　盐、味精各 5 克

制作方法

① 菠萝果肉、苦瓜分别洗净，切成小片；百合洗净，削去外部黑色边缘。

② 锅烧热加油，放入百合、菠萝果肉、苦瓜，炒熟，放盐、味精炒匀，盛出装盘即可。

农家烧冬瓜

材　料　冬瓜 500 克，姜片、大葱段各 10 克

调　料　红油 20 克，盐、淀粉各 5 克，清汤适量

制作方法

① 冬瓜去皮切块，焯水后放冷水中漂凉。

② 油锅烧热，爆香姜、葱，倒入清汤烧开，放入冬瓜，调入盐，烧至冬瓜入味，捞出沥水后装盘，锅内余汁用湿淀粉勾薄芡，再加红油推匀，淋在冬瓜上即成。

芦笋百合炒瓜果

材 料 无花果、百合各100克, 芦笋、冬瓜各200克

调 料 香油、盐、味精各适量

制作方法

① 芦笋洗净切斜段, 下入开水锅内焯熟, 捞出控水备用。

② 鲜百合洗净掰片; 冬瓜洗净切片; 无花果洗净。

③ 油锅烧热, 放入芦笋、冬瓜煸炒, 下入百合、无花果炒片刻, 下盐、味精调味, 淋入香油即可装盘。

拌蕨菜

材 料 蕨菜400克

调 料 盐、醋、味精、香油、干辣椒各适量

制作方法

① 蕨菜洗净, 切成长段; 干辣椒洗净, 切成段。

② 锅内注水, 用旺火烧开, 把蕨菜段放入沸水中焯熟, 捞出控干水分装入碗中。

③ 将盐、醋、味精、香油、干辣椒段倒入碗中拌匀, 装入盘中即可。

果仁菠菜

材 料 菠菜300克, 熟花生米30克, 松仁、豆皮丝各20克

调 料 盐、醋、香油、味精、红辣椒丝各适量

制作方法

① 菠菜洗净切段。

② 锅中注水烧开, 放入菠菜焯熟, 捞起沥水放入盘中。

③ 将盐、醋、香油、味精、熟花生米、松仁混合调匀浇在菠菜上面, 撒上红辣椒丝、豆皮丝即可。

菠菜老醋花生

材 料 菠菜50克，花生米200克，老醋50克

调 料 香油8克，盐、味精各适量

制作方法

① 菠菜洗净，用热水焯过后待用；花生米洗净晾干。

② 将花生米放在炒锅里炒熟后，捞出装盘。加入菠菜、醋、香油、盐、味精等，充分拌匀即可。

双椒包菜

材 料 包菜150克，青椒、红椒、胡萝卜各30克

调 料 盐、味精、醋各适量

制作方法

① 用盐、味精、醋加适量凉开水调成泡菜汁。

② 包菜洗净，撕成碎片；青椒、红椒、胡萝卜均洗净，切片。

③ 将备好的材料放入泡菜汁中浸泡1天，取出装盘即可。

炝炒包菜

材 料 包菜400克

调 料 干辣椒、盐、鸡精、生抽、白糖、花椒油各适量

制作方法

① 将干辣椒洗净，切小段待用。

② 将包菜洗净，掰成小块备用。

③ 锅内注油烧热，下干辣椒爆香，再倒入包菜煸炒至断生，加盐、鸡精、生抽、白糖调味，淋入花椒油，出锅即成。

风味萝卜皮

材 料 白萝卜500克

调 料 蒜末、米椒末各20克，生抽、陈醋各200克，盐、白糖、葱花、香油、红椒粒各适量

制作方法

1. 白萝卜去皮切块，洗净后用盐腌渍。
2. 米椒末与生抽、陈醋、盐、白糖拌匀，装坛，加凉开水，放入萝卜皮泡1天，取出装盘。
3. 将香油浇在盘中，撒上葱花、红椒粒即可。

秘制白萝卜丝

材 料 虾米50克，白萝卜350克，红椒1个

调 料 姜丝少许，料酒10克，盐5克，鸡精2克

制作方法

1. 将虾米泡发洗净；白萝卜洗净切丝；红椒洗净切小片。
2. 炒锅置火上，加水烧开，下白萝卜丝焯水，倒入漏勺滤干水分。
3. 油烧热，倒入虾米、红椒、姜丝，加盐、鸡精、料酒炒匀，起锅倒在白萝卜丝上即可。

凉拌萝卜丝

材 料 胡萝卜300克

调 料 盐3克，香油15克，味精4克

制作方法

1. 胡萝卜洗净，去老皮，切成细丝，加入盐腌渍15分钟。
2. 在胡萝卜丝中调入香油、味精，拌匀即可。

爽口芥蓝

材 料 芥蓝 300 克

调 料 盐、味精、白糖、胡椒粉各 3 克，醋、红椒、香油各 15 克

制作方法

① 芥蓝洗净去皮，切片；红椒洗净切片，与芥蓝一同入开水中焯一下，取出装盘。

② 调入白糖、醋、盐、味精、胡椒粉、香油拌匀即可。

芥蓝拌黄豆

材 料 芥蓝 50 克，黄豆 200 克，红椒段 4 克

调 料 盐 2 克，醋、味精各 1 克，香油 5 克

制作方法

① 芥蓝去皮洗净，切成小段；黄豆洗净。

② 锅内注水，旺火烧开，把芥蓝放入水中焯熟捞起控干；再将黄豆放入水中煮熟捞出。

③ 黄豆、芥蓝置于碗中，用盐、醋、味精、香油、红椒段调成汁，浇在其上即可。

芥蓝拌核桃仁

材 料 芥蓝 250 克，核桃仁 150 克，红椒 40 克

调 料 香油 15 克，盐 3 克，醋 10 克

制作方法

① 芥蓝去皮，洗净，切片；红椒洗净，切菱形片。

② 将芥蓝、核桃仁和红椒一起入开水焯几分钟，捞出，沥干水分后装盘。

③ 加入香油、醋和盐拌匀即可。

玉米芥蓝拌杏仁

材 料 芥蓝、玉米粒、杏仁各 150 克

调 料 香油 10 克，盐 3 克，白糖、红椒圈各少许

制作方法

① 将芥蓝去皮洗净，切片；杏仁泡发，洗净；玉米洗净。

② 杏仁上锅蒸熟；芥蓝、玉米、红椒圈分别在开水中煮熟，捞出控水。

③ 将杏仁、芥蓝、玉米加香油、盐、白糖拌匀，撒上红椒圈即可。

香菇烧山药

材 料 山药 150 克，香菇、板栗、小白菜各 50 克

调 料 盐、淀粉、味精各适量

制作方法

① 山药洗净切块；香菇洗净；板栗去壳洗净；小白菜洗净。

② 板栗用水煮熟；小白菜过水烫熟，放在盘中摆放好备用。

③ 热锅下油，放入山药、香菇、板栗爆炒，调入盐、味精，用水淀粉收汁后装盘即可。

煎酿香菇

材 料 香菇 200 克，肉末 300 克

调 料 盐、葱、蚝油、老抽、高汤各适量

制作方法

① 香菇洗净，去蒂；葱择洗净，切末；将肉末放入碗中，调入盐、葱末拌匀。

② 将拌匀的肉末放入香菇中。

③ 平底锅中注油烧热，放入香菇煎至八成熟，调入蚝油、老抽和高汤，煮至入味即可盛出。

香菇肉丸

材 料 香菇50克，虾100克，绞猪肉200克，鸡蛋1个

调 料 淀粉、盐、姜汁、料酒、高汤、水淀粉各适量

制作方法

1 香菇洗净；虾剁成泥；绞猪肉与虾泥加蛋清、淀粉、盐、姜汁、料酒做成肉丸，酿在香菇上。

2 将香菇放入微波炉烹熟，取出；用高汤和淀粉勾芡，淋在香菇肉丸上即可。

双菇扒上海青

材 料 上海青300克，香菇、草菇各20克

调 料 盐、胡椒粉、料酒、香油各适量，葱、姜各10克

制作方法

1 上海青洗净；香菇、草菇泡发洗净；葱、姜洗净切片。

2 锅注水烧开，入上海青烫熟，捞出沥水装盘；香菇、草菇焯水后备用。

3 油锅烧热，放葱、姜炒香，加入香菇、草菇，入调味料炒匀，盛出即可。

拌金针菇

材 料 金针菇、黄花菜、香菜、红辣椒各适量

调 料 香油、盐、味精、白糖各少许

制作方法

1 将金针菇、黄花菜洗净放入沸水中焯熟捞出，沥干水分；香菜洗净切段；红辣椒洗净切丝待用。

2 金针菇、黄花菜放入盘内，加盐、白糖、味精、香油拌匀。

3 在金针菇、黄花菜上放上香菜、辣椒丝即可。

清炒荷兰豆

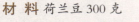

材 料 荷兰豆 300 克

调 料 香油 10 克，盐、味精各 5 克

制作方法

① 荷兰豆摘去头、尾老筋，洗净后切片待用。

② 锅烧热加油，放进荷兰豆滑炒，炒至将熟时下盐、味精炒匀，浇上香油即可装盘。

蒜蓉荷兰豆

材 料 荷兰豆 350 克，大蒜 100 克

调 料 盐、淀粉各适量

制作方法

① 荷兰豆择去头、尾、老筋，洗净后下入加了盐和油的沸水锅中焯水，取出沥干水分待用；大蒜去皮，剁成蓉。

② 炒锅注油烧热，下蒜蓉煸香。

③ 再放入荷兰豆，加盐快速翻炒，用淀粉勾芡，出锅装盘。

荷兰豆金针菇

材 料 荷兰豆、金针菇各 100 克，青辣椒 35 克，红辣椒 20 克

调 料 盐 3 克，生抽 10 克

制作方法

① 金针菇洗净，焯水；荷兰豆，青、红辣椒均洗净，切丝，一同焯水后沥干。

② 油锅烧热，加入青、红辣椒炒香，放入金针菇、荷兰豆，翻炒至熟，加入盐、生抽调味，炒匀起锅装盘即可。

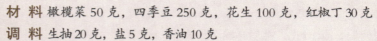

榄菜四季豆

材 料 橄榄菜 50 克，四季豆 250 克，花生 100 克，红椒丁 30 克

调 料 生抽 20 克，盐 5 克，香油 10 克

制作方法

① 四季豆去老筋，洗净，切丁；花生洗净，炒熟去衣。

② 油锅烧热，加红椒丁炒香，放入四季豆、生抽等翻炒。

③ 四季豆炒至半熟时，加入花生、橄榄菜、盐翻炒，炒熟后，淋上香油起锅装盘。

干煸四季豆

材 料 四季豆 200 克，猪肉、冬菜各 50 克

调 料 高汤、姜、蒜、盐、糖、酱油各适量

制作方法

① 猪肉洗净切成末待用；将四季豆择洗干净，切成长段。

② 将冬菜切成末。

③ 将四季豆段放入热油锅内过油捞出，锅内留少许油，再下肉末煸炒，放入冬菜末、姜蒜末和四季豆段，用中火干煸片刻，添高汤，收干汤汁，加盐、糖、酱油调味即可。

芹菜拌腐竹

材 料 芹菜、腐竹各 200 克，红椒 20 克

调 料 香油 10 克，盐 3 克，味精 2 克

制作方法

① 芹菜洗净，切段；红椒洗净切圈，与芹菜一同放入开水锅内焯一下，捞出，沥干水分。

② 腐竹用水泡发，切段。

③ 将芹菜、腐竹、红椒圈调入盐、味精、香油一起拌匀即成。

葱油西芹

材 料 西芹300克，胡萝卜50克，葱段少许

调 料 盐、醋、生抽、香油各3克

制作方法

① 西芹留梗洗净，切块；胡萝卜洗净，切块；葱段放入油锅爆香。

② 锅内放水，烧开，把西芹块入开水内焯一下，捞出控水，入盘中，放胡萝卜块，倒入葱段和油，加入生抽、醋、盐、香油拌匀，即可食用。

香油芹菜

材 料 芹菜400克，红椒粒20克

调 料 香油20克，盐3克，鸡精1克

制作方法

① 将芹菜摘去叶子，洗净，切碎，焯水，捞出沥干，装盘待用。

② 加入适量香油、盐、鸡精和红椒粒，一起搅拌均匀即可食用。

香芹油豆丝

材 料 芹菜、油豆腐各150克，红椒15克

调 料 盐3克，香油、酱油各10克

制作方法

① 芹菜洗净切段，放入开水中焯熟，捞出沥干；油豆腐洗净切丝，入锅烫熟后捞起；红椒洗净切丝，放入沸水中焯一下。

② 将盐、酱油调成味汁。

③ 将芹菜、油豆腐丝、红椒加入味汁拌匀，淋上香油即可。

西芹百合

材 料 西芹 300 克，百合 25 克，胡萝卜 20 克

调 料 盐、味精各适量

制作方法

① 百合去除杂质，洗净待用。

② 西芹去老叶、老梗，洗净切段；胡萝卜去皮洗净，切片。

③ 炒锅注油烧至六成热，放入西芹、百合、胡萝卜炒熟，加味精和盐调味即可。

拌炒芹菜

材 料 芹菜 500 克

调 料 干红辣椒、盐、生抽各适量

制作方法

① 将芹菜去根须，洗净，用直刀切成长段；干红辣椒洗净，切成段。

② 炒锅上火，注油烧热，下入干红辣椒炒出香味。

③ 再放入芹菜略翻炒，加入盐、生抽炒匀，出锅装盘即可。

姜汁西红柿

材 料 西红柿 150 克，老姜 50 克

调 料 醋、酱油各 10 克，红糖适量

制作方法

① 西红柿洗净，切块，装盘备用。

② 老姜去皮洗净，切末。

③ 将姜末装入碟中，加醋、酱油拌匀。

④ 再加入红糖调匀成味汁，食用时蘸上味汁即可。

辣拌土豆丝

材 料 土豆 500 克，青、红辣椒各 50 克

调 料 盐 5 克，醋 10 克，红油、香油各 25 克

制作方法

① 土豆去皮，洗净切丝；青椒、红椒去籽洗净，切丝。

② 锅内添清水烧沸，分别下土豆丝、青红椒丝焯至断生，捞起控水，一起装盘。

③ 将盐、醋、红油、香油调成味汁，浇在土豆丝上拌匀即成。

土豆丝粉条

材 料 土豆、红薯粉各 250 克，芹菜 100 克

调 料 小尖椒 30 克，香油 10 克，味精、盐各 5 克

制作方法

① 土豆洗净，切丝；芹菜洗净，切段；红薯粉泡发；小尖椒洗净。

② 油锅烧热，先放入小尖椒爆香，再放土豆丝、红薯粉和芹菜滑炒。

③ 将菜炒至将熟时，下盐、味精炒匀，淋上香油装盘即可。

香菇烧土豆

材 料 土豆 300 克，水发香菇 100 克，青椒、红椒各 50 克

调 料 盐 3 克，姜片 20 克，酱油 10 克

制作方法

① 土豆去皮，洗净切丁；青椒、红椒洗净，去籽切丁。

② 将水发香菇洗净，切块。

③ 油锅烧热，先放入香菇炒香。

④ 接着放入土豆、青椒、红椒、姜片炒熟，调入盐、酱油炒匀，再掺适量水煮至熟即可。

回锅土豆

材　料　土豆 400 克，红椒 50 克，青椒 50 克
调　料　盐 2 克，孜然粉、酱油各适量

制作方法

① 将土豆去皮洗净，切块。
② 锅内注水烧开，把土豆放入锅中蒸至六成熟后取出。
③ 将青椒、红椒洗净，切块。
④ 净锅上火，倒油加热，放入土豆、青椒、红椒，下入盐、酱油、孜然粉炒熟即可。

桂香藕片

材　料　莲藕 500 克，糯米 250 克，红枣 50 克
调　料　红糖 50 克，白糖 30 克，桂花蜜 30 克

制作方法

① 糯米洗净沥干；红枣洗净；莲藕洗净切段，将糯米填入莲藕内，合好，用牙签固定。
② 将酿好的糯米莲藕放入锅中，加红枣和红糖，注入适量水，煮熟后捞出，原汁留用；将糯米藕切片，将桂花蜜和少量原汁拌匀，浇于藕片上，撒上白糖即可。

炝拌莲藕

材　料　莲藕 400 克，青椒、甜椒共 50 克
调　料　盐 4 克，白糖、干辣椒各 10 克，香油适量

制作方法

① 莲藕洗净，去皮，切薄片；青椒、甜椒洗净，斜切成圈备用。
② 将准备好的原材料放入开水中稍烫，捞出，沥干水分，放入容器中。
③ 加盐、白糖、干辣椒在莲藕上，再将香油倒在莲藕上，搅拌均匀，装盘即可。

橙汁藕条

材 料 莲藕 400 克，橙汁 50 克

调 料 果珍粉 30 克

制作方法

① 将莲藕洗净，削去外皮，再切成长条状。

② 锅上火，烧沸适量清水，放入藕条焯烫至断生，捞起，放入盘中。

③ 接着倒入果珍粉，拌匀。

④ 最后倒入橙汁，搅拌均匀即可食用。

柠汁莲藕

材 料 莲藕 500 克，枸杞 25 克，柠檬汁 20 克

调 料 白糖 25 克，盐，白醋各适量

制作方法

① 莲藕去皮洗净，切薄片，入沸水中焯一下捞出，加盐腌渍片刻；枸杞泡发，洗净。

② 将柠檬汁、白糖、盐、白醋兑成汁，淋入莲藕中并浸渍 15 分钟。

③ 再放入冰箱冷冻 30 分钟取出，撒上枸杞即可。

泡椒藕丝

材 料 鲜藕 500 克

调 料 红泡椒、盐、红油各适量

制作方法

① 将鲜藕洗净去节，切成长丝；红泡椒切碎末。

② 炒锅注油烧至七成热，下入红泡椒，炒出辣味。

③ 接着放入藕丝炒片刻，加少许水翻炒，再加入盐和红油炒匀，出锅装盘即可。

风味藕片

材 料 莲藕400克

调 料 辣椒酱、盐、香油各适量

制作方法

① 莲藕刮去外皮，洗净，切成厚片。

② 锅中加水、盐、香油烧沸，下入莲藕片焯水至熟，捞出沥干水分后装盘。

③ 将辣椒酱用干净的刷子均匀地刷在藕片上即可。

金沙玉米粒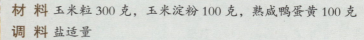

材 料 玉米粒300克，玉米淀粉100克，熟咸鸭蛋黄100克

调 料 盐适量

制作方法

① 咸鸭蛋黄切碎；玉米粒洗净。

② 将玉米淀粉放入容器中，加入玉米粒搅匀待用。

③ 锅中注油烧至八成热，下入玉米粒炸片刻，盛入盘中；锅中留底油烧热，放入咸蛋黄、玉米粒、盐翻炒均匀即可。

松仁玉米

材 料 玉米粒400克，炸好的松子仁、胡萝卜、青豆各25克

调 料 盐、糖、鸡精、淀粉各适量

制作方法

① 胡萝卜洗净切丁；青豆、玉米粒均洗净焯水，捞出沥水。

② 油锅烧热，放入胡萝卜丁、玉米粒、青豆炒熟，加入盐、糖、鸡精炒匀，勾芡后装盘，撒上松子仁即可。

酒酿黄豆

材 料 黄豆 200 克

调 料 醪糟 100 克

制作方法

① 黄豆用水洗好，浸泡 8 小时后去皮，洗净，捞出待用。

② 把洗好的黄豆放入碗中，倒入准备好的部分醪糟，放入蒸锅里蒸熟。

③ 在蒸熟的黄豆里点入一些新鲜的醪糟即可。

豆角香干

材 料 豆角 150 克，香干 100 克，蒜末少许

调 料 酱油、盐、红油、香油、醋各 3 克

制作方法

① 豆角去头和尾，洗净后切段；香干洗净后切条。

② 将水烧沸后，下豆角、香干焯水后捞出，沥水装盘。

③ 爆香蒜末后盛出，加入酱油、香油、盐、红油、醋拌匀，做成调味料，食用时蘸食即可。

风味豆角

材 料 鲜豆角 250 克，泡辣椒 20 克，菊花瓣 5 克

调 料 盐 5 克，味精 3 克，麻油 20 克

制作方法

① 鲜豆角洗净，择去头尾，切成小段，入沸水锅中焯熟后，捞出装盘。

② 泡辣椒取出，切碎；菊花瓣洗净，用沸水稍烫。

③ 将泡辣椒、菊花瓣倒入豆角中，再加入盐、味精、麻油一起拌匀即可。

芝麻酱拌豆角

材 料 豆角 500 克，芝麻酱 100 克

调 料 香油、盐各 10 克，大蒜末 20 克

制作方法

① 将豆角择洗干净，放入沸水中焯熟，捞出沥干水分，切成长段，放入盆内。

② 将芝麻酱用凉开水化开，加入盐、香油、大蒜末，调成味汁。

③ 将味汁淋在豆角上即可。

爽口莴笋丝

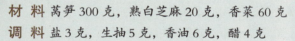

材 料 莴笋 300 克，熟白芝麻 20 克，香菜 60 克

调 料 盐 3 克，生抽 5 克，香油 6 克，醋 4 克

制作方法

① 莴笋削皮，洗净，切成细丝；香菜洗净，备用。

② 锅中倒水烧沸，放入莴笋丝焯烫 30 秒左右，捞出过冷水沥干后，装盘。

③ 加盐、生抽、香油、醋、熟白芝麻、香菜拌匀即可。

千层荷兰豆

材 料 荷兰豆 300 克，红椒少许

调 料 盐 3 克，香油适量

制作方法

① 荷兰豆去掉老筋洗净，剥开；红椒去蒂洗净，切丝。

② 锅入水烧沸，放入荷兰豆焯熟，捞出沥干，加盐、香油拌匀后摆盘，用红椒丝点缀即可。

芥菜叶拌豆腐皮

材 料 芥菜叶、豆腐皮各100克

调 料 盐5克，白糖3克，香油、味精各少许

制作方法

① 将豆腐皮洗净后切成长细丝。

② 将芥菜叶清洗干净，放沸水锅中烫熟即可捞出，沥干，凉凉装盘。

③ 将豆腐皮放在盘内，加入盐、白糖、香油、味精拌匀即可。

海苔芥菜

材 料 芥菜500克，海苔片30克，油炸花生米50克，红椒40克

调 料 盐3克

制作方法

① 芥菜洗净切段；红椒洗净切丁。

② 锅置火上，烧开适量清水，放入芥菜焯烫至断生，捞起，放入碟中。

③ 海苔洗净剪成条，盛入碗中。

④ 把花生米、红椒、海苔等倒入芥菜中，调入盐拌匀即可。

花菜炒西红柿

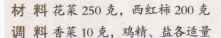

材 料 花菜250克，西红柿200克

调 料 香菜10克，鸡精、盐各适量

制作方法

① 花菜去除根部，切成小朵，洗净，焯水，捞出沥干水；香菜洗净切段。

② 西红柿洗净切丁。

③ 起油锅，将花菜和西红柿丁放入锅中，待熟后再调入盐、鸡精翻炒均匀，盛盘，撒上香菜段即可。

四宝西蓝花

材 料 西蓝花 400 克，滑子菇、蟹柳、虾仁、鸣门卷各适量
调 料 盐、淀粉各适量

制作方法

①西蓝花洗净，掰成小朵，焯水后沥干；蟹柳切段；鸣门卷切片；虾仁、滑子菇洗净。

②油锅烧热，下西蓝花、滑子菇、蟹柳、鸣门卷和虾仁同炒，加盐、少许清水炒熟，以淀粉勾芡，出锅装盘即成。

西红柿炒西蓝花

材 料 西红柿 100 克，西蓝花 300 克
调 料 红油 20 克，香油 10 克，盐、味精各 5 克

制作方法

①西蓝花、西红柿均洗净，切块。

②锅中加水烧沸，下入西蓝花焯至熟，捞出沥水。

③锅烧热加油，放进西蓝花和西红柿滑炒，炒至将熟时，下红油、盐、味精炒匀，浇上香油装盘即可。

擂辣椒炒韭菜

材 料 红尖椒 150 克，韭菜 100 克
调 料 蒜蓉、盐、鸡精、香油各适量

制作方法

①韭菜择洗净，切段。

②红尖椒洗净，入锅中蒸熟后，取出放入钵中擂烂，加入蒜蓉及适量盐擂均匀，即成擂辣椒。

③锅中加油烧热，下入韭菜及香油、盐炒至熟，倒入擂辣椒翻炒均匀，入鸡精调味即可。

韭菜炒香干

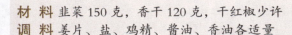

材 料 韭菜 150 克，香干 120 克，干红椒少许

调 料 姜片、盐、鸡精、酱油、香油各适量

制作方法

❶ 香干洗净，切条待用；韭菜洗净，切小段。

❷ 炒锅上火，加油烧热，倒入香干，加酱油、盐，炒出香味后捞出沥干油。将底油烧热，放入姜片、干红椒，爆出香味，再放入韭菜，炒至熟，倒入香干。

❸ 再炒 30 秒，放入盐、鸡精、香油，炒匀即可。

蒜蓉蒸西葫芦

材 料 西葫芦 250 克

调 料 蒜、红油各 20 克，干辣椒 30 克，盐、味精各 5 克

制作方法

❶ 西葫芦洗净，切片，放入开水中焯熟，装盘待用；蒜去皮，剁成蒜蓉；干辣椒洗净剁碎。

❷ 锅烧热加油，然后放进蒜蓉和辣椒碎爆香，下盐、味精炒匀，淋入红油，起锅浇在西葫芦上，再上锅蒸熟即可。

凉拌山药丝

材 料 山药 500 克，木耳（水发）10 克

调 料 姜丝 9 克，葱丝 9 克，白糖、醋、香油、盐各适量

制作方法

❶ 山药去皮洗净，切成细丝；木耳洗净切丝。

❷ 锅中注水烧开，焯山药、木耳至熟透，捞起沥水；将葱丝、姜丝和木耳、山药拌匀后加白糖、醋、香油、盐拌匀即可。

黄瓜炒山药

材　料　黄瓜、山药各250克，红辣椒50克

调　料　生抽10克，盐、味精各5克

制作方法

① 黄瓜洗净去皮，切成长条；山药洗净去皮，切成长条；红辣椒洗净，切成长条。

② 锅烧热放油，油烧热时加红辣椒炒香，放入山药、黄瓜，放入生抽和盐，大火煸炒。

③ 炒熟后放入味精，装盘即可。

蓝莓山药

材　料　山药250克

调　料　蓝莓酱适量

制作方法

① 山药去皮洗净，切条，入开水中煮熟，然后放在冰水里冷却后摆盘。

② 将蓝莓酱均匀地淋在山药上即可。

拔丝山药

材　料　山药500克，芝麻10克

调　料　白糖150克，淀粉50克

制作方法

① 山药洗净，上笼蒸熟去皮，切块，再改刀成条，撒上淀粉。

② 油烧热，入山药炸至呈金黄色，捞起沥油。

③ 炒锅下清水、白糖，加热至白糖溶化成浆液，烧至黏性起丝，撒入芝麻，投入山药，迅速翻炒，起锅装盘，食用时山药会拉出糖丝，即成"拔丝山药"。

拌空心菜

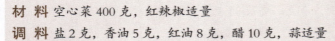

材 料 空心菜400克，红辣椒适量

调 料 盐2克，香油5克，红油8克，醋10克，蒜适量

制作方法

① 空心菜洗净；红辣椒洗净，切段；蒜洗净，切成碎末。

② 锅内注水，置于火上煮沸后，放入空心菜焯熟，捞出装入盘中。

③ 向盘中加入盐、香油、红油、醋、红辣椒、蒜末拌匀即可。

干锅空心菜梗

材 料 空心菜梗350克，干辣椒50克

调 料 盐2克，豆豉4克，蒜蓉、味精各适量

制作方法

① 空心菜去叶留梗，洗净切段；干辣椒洗净，切小段。

② 起油锅，下干辣椒、蒜蓉、豆豉炒香，再倒入空心菜梗，用大火煸炒。

③ 炒至熟时调入盐和味精，盛在干锅里即可。

长豆角炒茄子

材 料 长豆角、茄子各250克

调 料 生抽30克，辣椒酱10克，味精、盐各5克

制作方法

① 长豆角、茄子分别洗净，长豆角切粒，茄子切丁。

② 炒锅下油烧热，放入长豆角、茄子炒至半熟，下生抽、辣椒酱、盐，用大火煸炒。

③ 待豆角、茄子熟后，熄火，下味精，炒匀装盘即可。

香菜拌竹笋

材 料 竹笋300克，香菜80克，剁椒15克

调 料 盐2克，醋、香油各适量

制作方法

① 竹笋洗净，切条；香菜洗净，切段。

② 将竹笋下入沸水锅中焯熟，捞出沥干后装盘。

③ 放入香菜段，加盐、醋、香油、剁椒拌匀即可。

清炒竹笋

材 料 竹笋250克

调 料 葱段、姜丝、盐、味精各适量

制作方法

① 竹笋剥去皮，除去老的部分，洗净后对半切开备用。

② 油锅烧热，放葱、姜入锅煸香。

③ 然后将竹笋、盐放入锅内，翻炒至笋熟时，加味精炒匀，起锅装盘即可。

凉拌芦笋

材 料 芦笋300克，金针菇200克，红椒少许

调 料 盐2克，醋、酱油、香油、葱各适量

制作方法

① 芦笋洗净，对半切段；金针菇洗净；红椒、葱洗净切丝。

② 芦笋、金针菇入沸水中焯熟，摆盘，撒入红椒丝和葱丝。

③ 净锅加适量水烧沸，倒入酱油、醋、香油、盐调成味汁，淋入盘中即可。

第三章

强身健体畜肉菜

四川熏肉

材 料 猪肋条肉 100 克

调 料 茶叶、盐、料酒、柏树枝各适量，葱段、姜末各少许

制作方法

① 猪肋条洗净，用盐、葱段、料酒腌渍半小时。

② 锅烧热，下腌肉、姜末及适量清水，烧开，焖煮至熟。

③ 再加入洗好的柏树枝、茶叶，小火温熏，待肉上色后，捞出凉凉，切片，装盘即可。

川味酱肉

材 料 五花肉 500 克

调 料 盐、酱油、姜片、料酒、白糖、味精、八角、花椒、桂皮、茴香、红油各适量

制作方法

① 五花肉洗净，切片，用盐腌渍一天，洗净盐水，沥干水。

② 用酱油浸没咸肉，再加姜片、料酒、白糖、味精、茴香、花椒、桂皮、八角。

③ 腌渍一天后取出，蒸熟，摆盘，淋上红油即可。

榨菜肉丝

材 料 榨菜 100 克，猪肉 300 克，蒜苗 15 克，红辣椒 5 克

调 料 盐 3 克，酱油 10 克

制作方法

① 猪肉洗净，切成丝；红辣椒洗净，切成丝；蒜苗洗净，切段。

② 炒锅置于火上，注油烧热，放入肉丝爆炒，再加入榨菜丝、蒜苗段、红辣椒炒熟。

③ 加盐、酱油调味，装盘即可。

芹菜肉丝

材 料 猪肉、芹菜各200克，红椒15克

调 料 盐3克，鸡精2克

制作方法

① 猪肉洗净，切丝；芹菜洗净，切段；红椒去蒂洗净，切圈。

② 锅下油烧热，放入肉丝略炒片刻，再放入红椒、芹菜，加盐、鸡精调味，炒熟装盘即可。

滑炒里脊丝

材 料 里脊肉500克，木耳20克，榨菜丝10克

调 料 盐3克，生抽、醋、料酒、葱段各适量

制作方法

① 里脊肉洗净，切丝，用盐、料酒腌渍后备用；木耳洗净，切丝；榨菜丝稍微冲洗一下，去掉咸味。

② 炒锅内注入植物油烧热，放入腌制好的肉丝炒至发白后，再加入木耳、榨菜丝、盐、生抽、料酒、醋翻炒。

③ 加清水，煮至沸，起锅装盘，撒上葱段即可。

大头菜炒肉丁

材 料 瘦肉200克，大头菜、青椒、红椒各50克

调 料 辣椒酱20克，香油10克，盐3克

制作方法

① 大头菜去皮，洗净，切丁；瘦肉洗净，切丁；青、红椒均洗净，切成圈。

② 油锅烧热，下入肉丁爆炒，再加入辣椒酱、大头菜丁和青、红椒煸炒。

③ 待材料均熟时，放入盐拌匀，淋上香油即可。

蒜苗小炒肉

材 料 五花肉 500 克，蒜苗、青椒、红椒各 100 克
调 料 盐 3 克，酱油 15 克，料酒 10 克，味精 4 克

制作方法

① 五花肉洗净，切成片；蒜苗洗净，切成段；青椒、红椒洗净，切片。
② 炒锅置于火上，注油烧热后放入肉片翻炒至肉片呈黄色，加入盐、酱油、料酒、蒜苗、青椒、红椒翻炒。
③ 至汤汁快干时，加入味精调味，装盘即可。

豆香炒肉皮

材 料 黄豆 150 克，肉皮 200 克，青、红椒各 20 克，干红椒段 10 克
调 料 盐 5 克，酱油 8 克

制作方法

① 猪肉皮刮洗净，入锅中煮熟，捞出切成条状；青、红椒洗净切片。
② 黄豆泡发，洗净，再入锅中煮熟后，捞出待凉。
③ 锅中加油烧热，下入干红椒段炝香，接着放入青、红椒，再下入猪肉皮、黄豆翻炒，倒入酱油及少许清水，焖炒至水分全干时加盐即可。

咕噜肉

材 料 猪肉 300 克，洋葱片、青椒片、红椒片各 40 克
调 料 番茄酱 50 克，盐、蛋清各适量，胡椒粉 3 克

制作方法

① 猪肉洗净切块，用盐、蛋清、胡椒粉腌渍入味。
② 将猪肉入热油锅炸熟捞起。
③ 起油锅，放洋葱、青椒片、红椒片同炒，加番茄酱和水煮至黏稠，放肉块炒匀即可。

瘦肉土豆条

材 料 猪瘦肉、土豆各 200 克

调 料 湿淀粉 30 克，盐、味精各 3 克，酱油 10 克

制作方法

① 瘦肉洗净，切成薄片；土豆去皮洗净，切成长条。

② 在每一个土豆条上，裹上一片瘦肉，连接处用湿淀粉粘住，下入油锅中炸至金黄色，捞出沥油。

③ 油锅烧热，将酱油、盐、味精炒匀，淋在土豆条上即可。

焦熘肉片

材 料 猪瘦肉 250 克

调 料 姜汁、酱油、盐、醋、面粉各适量，熟芝麻、水淀粉各 10 克

制作方法

① 猪瘦肉洗净切片，用面粉挂糊；将姜汁、酱油、醋、水淀粉调成芡汁。

② 将油锅烧热，下入肉片炸至外焦里嫩，捞出。

③ 锅上火，倒入调好的芡汁炒熟，放入肉片，颠翻几下，使肉挂芡汁，撒上熟芝麻即成。

酸甜里脊

材 料 猪里脊 300 克

调 料 酱油 5 克，白糖 100 克，醋 75 克，香油 10 克，盐各 2 克，蛋清、水淀粉各 50 克

制作方法

① 猪里脊洗净切条，加蛋清、水淀粉、盐搅匀，入油锅中炸熟，捞出备用；将盐、白糖、醋、水淀粉调成糖醋汁。

② 油烧热，下里脊条，倒入糖醋汁炒匀，淋上香油即可。

干豆角蒸五花肉

材　料　干豆角 100 克，五花肉 300 克

调　料　辣椒粉 10 克，盐 3 克，蚝油适量，葱花 15 克

制作方法

① 五花肉洗净，切厚片，用盐和蚝油抓匀备用；干豆角用凉水稍泡，然后捞出切成长段。

② 油锅烧热，下干豆角炒香，撒辣椒粉拌匀盛入碗里，再将码好味的猪肉盖到干豆角上，淋适量水。

③ 将碗放入蒸锅中隔水蒸半小时，出锅撒上葱花即可。

大白菜包肉

材　料　大白菜 300 克，猪肉馅 150 克

调　料　盐 3 克，酱油 6 克，花椒粉 4 克，香油、葱花、姜末、淀粉各适量

制作方法

① 大白菜洗净；猪肉馅加上葱花、姜末、盐、酱油、花椒粉、淀粉搅拌均匀，将调好的肉馅放在白菜叶中间，包成长方形。

② 将包好的肉放入盘中，入蒸锅用大火蒸 10 分钟至熟，取出淋上香油即可食用。

红烧狮子头

材　料　五花肉 500 克，生菜 100 克，蛋清 100 克

调　料　酱油、白糖、盐、料酒、淀粉各适量

制作方法

① 生菜洗净，沥干后摆盘；五花肉洗净，剁成泥，加盐、料酒、白糖、蛋清和淀粉拌成肉丸。

② 油锅烧热，放肉丸炸香，捞出。

③ 锅中留油烧热，再将炸好的肉丸倒入，加酱油、料酒、清水同烧，焖煮至熟，用水淀粉勾芡，盛盘即可。

榨菜蒸肉

材　料 猪绞肉 300 克，竹笋、榨菜、香菇各 30 克

调　料 盐、酱油、料酒、胡椒粉、淀粉各适量

制作方法

① 竹笋、榨菜洗净切丁；香菇洗净切末。

② 猪绞肉用酱油、料酒、盐、胡椒粉、淀粉拌匀，再加入香菇、竹笋、榨菜拌匀，放入碗中，入蒸锅蒸熟后取出，倒扣在盘中即可。

南瓜粉蒸肉

材　料 猪肉 400 克，南瓜 200 克，蒸肉粉 100 克

调　料 葱花 30 克，红油、料酒各 15 克，甜面酱、豆瓣酱各 20 克，白糖、蒜末、盐各适量

制作方法

① 猪肉洗净，切片；先将除葱花外的所有调味料加清水调匀，再将猪肉放入腌半小时；南瓜去皮，洗净切片，铺在蒸碗内围边。

② 将蒸肉粉拌入猪肉中，铺入蒸碗中，入锅蒸半小时，将葱花撒在粉蒸肉上即可。

虎皮蛋烧肉

材　料 五花肉 400 克，熟鹌鹑蛋 20 个

调　料 盐、酱油、胡椒粉、水淀粉各适量

制作方法

① 五花肉洗净，入锅煮熟后切成块。

② 油烧热后下入鹌鹑蛋，炸至金黄色后捞出。

③ 锅留油，下五花肉块、盐、酱油、胡椒粉，炒至五花肉皮糯，下入熟鹌鹑蛋翻炒，以水淀粉勾芡即成。

板栗红烧肉

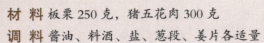

材　料 板栗250克，猪五花肉300克

调　料 酱油、料酒、盐、葱段、姜片各适量

制作方法

① 五花肉洗净切块，余水后捞出沥干；板栗煮熟，去壳取肉。

② 油锅烧热，投入姜片、葱段爆香，放入肉块，烹入料酒煸炒，再加入酱油、盐、清水烧沸，撇去浮沫，炖至肉块酥烂，倒入板栗，待汤汁浓稠后，装盘即可。

珍珠圆子

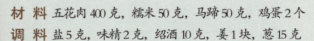

材　料 五花肉400克，糯米50克，马蹄50克，鸡蛋2个

调　料 盐5克，味精2克，绍酒10克，姜1块，葱15克

制作方法

① 糯米洗净，用温水泡2小时，沥干水分；五花肉洗净剁成蓉；马蹄去皮洗净，切末；葱、姜洗净切末。

② 肉蓉加上盐、味精、绍酒、鸡蛋液一起搅拌，再挤成直径约3厘米的肉圆，依次蘸上糯米。

③ 将糯米圆子放入笼中，蒸约10分钟，取出装盘即可。

家常红烧肉

材　料 五花肉300克，蒜苗50克

调　料 盐、醋、干辣椒段、姜片、蒜段各适量

制作方法

① 五花肉洗净切块；蒜苗洗净切段。

② 五花肉块放入锅中煸炒出油，加醋、干辣椒段、姜片、蒜和适量水煮开。

③ 盛入砂锅中炖至收汁，放蒜苗，加盐调味即可。

泰汁九卷排骨

材 料 排骨 600 克

调 料 味精 10 克，白糖 10 克，葱末 3 克，姜末 5 克

制作方法

① 将排骨斩成 5 厘米长的段。

② 用净水将血水泡净，捞出沥水，加入味精、白糖、葱末、姜末拌匀。

③ 然后上蒸锅蒸 1 小时 15 分钟即可。

糖醋排骨

材 料 排骨 250 克

调 料 酱油、醋、白糖、盐、淀粉各适量，葱段 5 克

制作方法

① 排骨洗净斩块，用盐、淀粉拌匀；将酱油、白糖、淀粉、醋调成汁。

② 油烧热，把排骨放入油锅炸至结壳后捞出。

③ 原锅留油，放入葱段煸香后再放入排骨，将调好的芡汁冲入锅中，颠翻炒锅，即可装盘。

南瓜豉汁蒸排骨

材 料 南瓜 200 克，排骨 300 克，豆豉 50 克

调 料 盐、老抽、葱末、姜末、红椒丝各适量

制作方法

① 排骨洗净，剁成块，氽水；豆豉入油锅炒香；南瓜洗净，切大块排于碗中。

② 油锅烧热，加盐、老抽调成汤汁，再与排骨拌匀，放入排有南瓜的碗中。

③ 将碗置于蒸锅内蒸熟，取出，撒上葱末、姜末、红椒丝即可。

老干妈拌猪肝

材 料 老干妈豆豉酱 15 克，卤猪肝 250 克，红椒 5 克
调 料 盐、味精各 4 克，酱油、红油各 10 克，葱 5 克

制作方法

① 卤猪肝洗净，切成片，用开水烫熟；红椒洗净，切菱形片；葱洗净，切碎。

② 油锅烧热，放入红椒爆香，入老干妈豆豉酱、酱油、红油、味精、盐制成味汁。

③ 将味汁淋在猪肝上，拌匀即可。

猪肝拌黄瓜

材 料 猪肝 300 克，黄瓜 200 克，香菜 20 克
调 料 盐、酱油各 5 克，醋 3 克，味精 2 克，香油适量

制作方法

① 黄瓜洗净切条；香菜择洗干净，切小段。

② 猪肝洗净切小片，放入开水中氽熟，捞出后冷却。

③ 将黄瓜摆在盘内，放入猪肝、盐、酱油、醋、味精、香油，撒上香菜，拌匀即可。

姜葱炒猪肝

材 料 猪肝 300 克，红椒、洋葱各 60 克
调 料 盐 3 克，辣椒粉 5 克，玉米粉、绍酒、姜片、葱段各适量

制作方法

① 红椒、洋葱均洗净，切片。

② 猪肝洗净切片，放入玉米粉、绍酒拌匀，腌渍 10 分钟。

③ 油锅烧热，倒入猪肝炒至变色，放入红椒、洋葱、姜片、葱段和盐、辣椒粉炒匀即可。

韭菜炒肝尖

材　料 韭菜 150 克，猪肝 200 克，红椒 10 克

调　料 盐 3 克，味精 2 克，料酒 5 克，姜丝 5 克

制作方法

① 韭菜择洗干净，取其最嫩的一段待用；猪肝洗净，切成薄片；红椒洗净，切成细丝。

② 将猪肝片用盐、料酒、姜丝腌渍 10 分钟。

③ 锅中注油烧热，下红椒爆炒，入猪肝炒至变色，倒韭菜炒至熟，加盐、味精调味即可。

辣椒炒猪杂

材　料 猪心、猪肝各 300 克，红尖椒少许

调　料 葱、料酒、淀粉、酱油、甜辣酱各适量

制作方法

① 猪心、猪肝洗净，切片，用酱油、料酒、淀粉拌匀；红尖椒、葱洗净，切成小段。

② 锅中加油烧至九成热，倒入猪肝、猪心煸炒，再放入红尖椒翻炒均匀。

③ 加葱、甜辣酱炒至入味即可。

红油肚丝

材　料 猪肚 500 克

调　料 红油 50 克，葱 10 克，香菜 5 克，料酒 10 克，盐 2 克，味精 2 克，白糖 5 克，香油 5 克

制作方法

① 猪肚洗净，煮熟放凉后，切成丝，装盘；葱洗净，切花；香菜洗净，切成小段。

② 将葱花、香菜与红油、料酒、盐、味精、白糖、香油一起拌匀，浇淋在盘中的肚丝上，拌匀即可。

双笋炒猪肚

材 料 小竹笋、芦笋各 150 克，猪肚 200 克

调 料 盐 3 克，味精 2 克

制作方法

① 小竹笋、芦笋分别洗净，切成斜段，分别入锅焯水；猪肚洗净，放入清水锅中煮熟，捞起切条。

② 油烧热，下入猪肚炒至舒展后，再加入双笋，一起炒至熟透，加盐、味精调味即可。

小白菜拌猪耳

材 料 小白菜、猪耳各 100 克

调 料 盐、味精各 3 克，香油 10 克，红椒 20 克

制作方法

① 小白菜洗净，切段；红椒洗净，切圈，与小白菜同入开水锅焯水后捞出；猪耳洗净，切丝，汆水后取出。

② 将以上备好的材料同拌，调入盐、味精拌匀。

③ 淋入香油即可。

豆芽拌耳丝

材 料 绿豆芽 200 克，猪耳朵 300 克，红椒 5 克

调 料 盐 4 克，香油 2 克，酱油 8 克，料酒 10 克

制作方法

① 豆芽洗净，去两端，入沸水中烫熟后捞出；猪耳朵洗净。

② 将猪耳朵在开水中加盐、料酒、酱油煮熟捞出，切丝；红椒洗净，切丝。

③ 将猪耳朵与豆芽、红椒丝拌匀，再淋上香油即可。

香干拌猪耳

材 料 香干 200 克，熟猪耳 200 克，熟花生 50 克，红椒 10 克
调 料 盐 4 克，香菜 5 克，醋 15 克，葱丝 10 克

制作方法

① 香干洗净切片，入沸水稍焯后再捞出；红椒、香菜洗净切段。

② 油锅烧热，放花生、盐、醋翻炒，淋在香干、猪耳上拌匀，撒上香菜、红椒、葱丝即可。

千层猪耳

材 料 猪耳 500 克
调 料 盐 5 克，卤汁 500 克，味精 2 克

制作方法

① 卤汁倒入锅中，调入盐、味精。

② 猪耳洗净，放入卤汁中卤熟，捞出放凉。

③ 切条摆盘即可食用。

牛肉拌菜

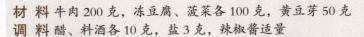

材 料 牛肉 200 克，冻豆腐、菠菜各 100 克，黄豆芽 50 克
调 料 醋、料酒各 10 克，盐 3 克，辣椒酱适量

制作方法

① 牛肉洗净氽熟，捞出待凉后切片；冻豆腐洗净后切片；菠菜、黄豆芽均洗净，与冻豆腐同入开水中焯熟。

② 将牛肉、冻豆腐、菠菜、黄豆芽加醋、料酒、盐、辣椒酱拌匀即可。

湘卤牛肉

材　料　牛肉 500 克

调　料　盐 3 克，蒜末、姜末各 5 克，葱花 10 克，料酒、红油、酱油各适量

制作方法

① 牛肉洗净，切块，煮熟待用。

② 油锅烧热，爆香葱、姜、蒜，淋上料酒，加入酱油、盐，加入鲜汤、牛肉，大火煮半小时。

③ 待肉和汤凉后，捞出牛肉块，改刀切薄片，淋上红油即可。

松子牛肉

材　料　牛肉 400 克，松子 30 克

调　料　盐、葱、沙茶酱、小苏打粉、酱油各适量

制作方法

① 牛肉洗净切片，加盐、小苏打粉、沙茶酱略腌，入油锅中炸至五成熟，捞出沥油。

② 松子入油锅炸至香酥，捞出控油。

③ 葱洗净切段，入锅爆香，加入盐、酱油及牛肉快炒至入味，撒上松子即可。

牙签牛肉

材　料　牛肉 250 克

调　料　盐 8 克，孜然 10 克，姜、葱、蒜各 5 克，干辣椒段 30 克，胡椒粉 2 克，味精 3 克，淀粉 5 克

制作方法

① 牛肉洗净切成薄片；葱、姜、蒜均洗净改刀。② 牛肉片用淀粉、盐腌渍入味后，再用牙签将牛肉片串起来，入油锅炸香后捞出。

③ 锅置火上，加油烧热，下入姜、蒜、干辣椒炒香，再下入牛肉串，加入盐、味精、胡椒粉、孜然炒至入味，放入葱段即可。

青豆烧牛肉

材 料 牛肉300克，青豆50克

调 料 豆瓣15克，葱花、蒜各10克，姜1块，水淀粉10克，料酒、嫩肉粉、盐、花椒面、上汤、酱油各适量

制作方法

① 牛肉洗净切片，用水淀粉、嫩肉粉、料酒、盐抓匀上浆；豆瓣剁细；青豆洗净；姜、蒜洗净去皮切末。② 锅中油烧热，放豆瓣、姜米、蒜米炒香，倒入上汤，加酱油、料酒、盐，烧开后下牛肉片、青豆。③ 待肉片熟后用水淀粉勾薄芡，装盘，撒上花椒面、葱花即可。

笋尖烧牛肉

材 料 牛肉250克，鲜笋200克，上海青250克

调 料 葱花25克，姜片、酱油、料酒各20克，盐5克

制作方法

① 牛肉洗净切片；笋洗净切片。

② 上海青洗净，焯水后装盘摆好。

③ 锅中下油，旺火将油烧热，爆香姜片，放牛肉、料酒下锅翻炒至七成熟时加酱油、葱花、盐，继续翻炒至熟，出锅装盘即可。

酸菜萝卜炒牛肉

材 料 牛肉250克，酸萝卜200克，酸菜200克，青、红椒块各50克

调 料 姜片20克，盐5克，料酒、生抽、淀粉、辣椒酱各10克

制作方法

① 牛肉洗净切块；酸萝卜洗净切块；酸菜洗净切开。

② 油锅烧热，爆香姜片，下牛肉、料酒炒熟，下酸萝卜、酸菜、生抽、辣椒酱、盐、青椒、红椒炒匀，用淀粉勾芡，翻炒至汁浓盛出。

红烧牛肉

材 料 牛肉 500 克

调 料 盐、豆瓣酱、白酒、姜、香菜各少许，蒜、泡椒各适量

制作方法

❶ 牛肉洗净，切块；香菜洗净，切段；蒜洗净，拍碎；姜洗净，切片。

❷ 油烧热，下入姜片爆香，放入牛肉，加豆瓣酱、白酒、盐炒匀，加水，用大火烧沸，转中小火炖 30 分钟。

❸ 放入泡椒、蒜，炖至汤汁变浓稠时，起锅装盘，撒上香菜即可。

芹菜牛肉

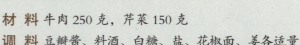

材 料 牛肉 250 克，芹菜 150 克

调 料 豆瓣酱、料酒、白糖、盐、花椒面、姜各适量

制作方法

❶ 牛肉洗净切丝；芹菜洗净去叶切段；姜洗净切丝。

❷ 油烧热，下牛肉丝炒散，放入盐、料酒和姜丝，下豆瓣酱炒散，待香味溢出、肉丝酥软时加芹菜、白糖炒熟，撒上花椒面即可。

土豆烧牛肉

材 料 肥牛肉 180 克，土豆 150 克，蒜薹 80 克

调 料 辣椒片、盐、味精、酱油各适量

制作方法

❶ 肥牛肉、土豆洗净，切块；蒜薹洗净，切段。

❷ 油锅烧热，放入肥牛肉煸炒，至肉变色后捞出。

❸ 锅内留油，加土豆炒熟，入肥牛肉、辣椒片、蒜薹炒香，下盐、味精、酱油调味，盛盘即可。

白萝卜炖牛肉

材 料 白萝卜 200 克，牛肉 300 克

调 料 盐 4 克，香菜段 3 克

制作方法

① 白萝卜洗净去皮，切块；牛肉洗净切块，焯水后沥干。

② 锅中倒水，下入牛肉和白萝卜煮开，转小火熬约 35 分钟。

③ 加盐调好味，撒上香菜即可。

老汤炖牛肉

材 料 牛肉 500 克

调 料 盐、胡椒粉、味精、葱段、姜片、酱油、料酒各适量

制作方法

① 牛肉洗净，切块，入锅加水烧沸，略煮捞出，牛肉汤待用。

② 油锅烧热，加葱段、姜片煸香，加酱油、料酒和牛肉汤烧沸，调入盐、胡椒粉、味精，再放入牛肉同炖至肉烂，拣去葱段、姜片即可。

酸汤肥牛

材 料 肥牛 350 克，青、红椒各 20 克

调 料 盐 2 克，山椒水、麻油、辣椒酱各适量

制作方法

① 肥牛洗净，切片；青、红椒分别洗净，切圈。

② 锅内下油烧热，加入辣椒酱、盐、山椒水，加水下肥牛煮熟入味，起锅装碗。

③ 热锅放入麻油，下青、红椒圈炒香，淋在菜上即成。

杭椒牛肉丝

材料 牛肉 300 克，杭椒 100 克

调料 盐 3 克，味精 1 克，醋 8 克，酱油 15 克，香菜少许

制作方法

①牛肉洗净，切丝；杭椒洗净，切圈；香菜洗净，切段。

②锅内注油烧热，下牛肉丝滑炒至变色，加入盐、醋、酱油。

③再放入杭椒、香菜一起翻炒至熟后，加入味精调味即可。

大葱牛肉丝

材料 牛肉 300 克

调料 盐、胡椒粉、柱侯酱、老抽各适量，葱丝、红椒、姜米、香菜末、淀粉各少许

制作方法

①牛肉洗净切丝；红椒洗净切末。

②牛肉加盐、淀粉腌 5 分钟；葱丝装盘。

③锅中油烧热，爆香姜米、红椒、柱侯酱，放牛肉，炒至牛肉快熟时加盐、胡椒粉、老抽，用淀粉勾芡，撒上香菜，盛在葱丝上即成。

泡椒蹄筋

材料 牛蹄筋、泡椒各 200 克，黄瓜、蒜苗各适量

调料 盐 3 克，味精 1 克，酱油 10 克，红油 15 克

制作方法

①牛蹄筋洗净，切段；泡椒洗净；黄瓜洗净，切块；蒜苗洗净，切段。

②锅中注油烧热，放入牛蹄筋炒至发白，倒入泡椒、黄瓜、蒜苗一起炒匀。

③再放红油炒至熟，加入盐、味精、酱油调味，装盘即可。

红烧蹄筋

材 料 水发牛蹄筋 500 克，蟹柳、上海青各适量

调 料 料酒、葱花、姜末、鲜汤各适量

制作方法

① 牛蹄筋洗净切段；上海青、蟹柳洗净待用。

② 上海青洗净，焯水围盘边；牛蹄筋入开水锅稍煮，盛出待用。

③ 油锅烧热，下葱花、姜末炒出香味，加入料酒、鲜汤烧开，再放入蹄筋，加入蟹柳略烧即成。

生拌牛肚

材 料 牛肚 500 克，松子仁、红椒各 20 克

调 料 香油、盐、酱油、陈醋各 5 克，味精 1 克，芝麻 10 克

制作方法

① 松子仁碾碎；牛肚处理干净切丝，控水后放盆内；红椒洗净切丁。

② 放陈醋、红椒、芝麻腌 15 分钟。

③ 放松子仁、盐、味精、酱油、香油拌匀，腌 20 分钟即可。

干豆角炒牛肚

材 料 牛肚 300 克，干豆角 250 克

调 料 青椒、红椒各 20 克，盐、鸡精各适量

制作方法

① 将牛肚洗净，入沸水锅中氽水，捞起，切条；干豆角泡发，切小段；青椒、红椒均洗净，切条。

② 油烧热，下入牛肚爆炒，再加入干豆角同炒至熟，最后加入青椒、红椒翻炒均匀。

③ 用盐和鸡精调味，起锅装盘即可。

川香肚丝

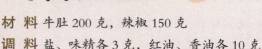

材 料 牛肚200克，辣椒150克

调 料 盐、味精各3克，红油、香油各10克

制作方法

① 牛肚洗净，入开水煮熟，切丝；辣椒洗净，切丝。

② 油锅烧热，放入牛肚煸炒，下辣椒炒香。

③ 下盐、味精、红油、香油炒匀，盛盘即可。

萝卜干炒肚丝

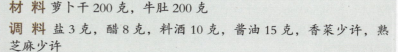

材 料 萝卜干200克，牛肚200克

调 料 盐3克，醋8克，料酒10克，酱油15克，香菜少许，熟芝麻少许

制作方法

① 萝卜干泡发，洗净；牛肚洗净，切丝；香菜洗净，切段。

② 油锅烧热，下肚丝翻炒，调入盐、醋、料酒、酱油。

③ 加入萝卜干炒至熟，撒上香菜、熟芝麻即可。

芡莲牛肚煲

材 料 牛肚400克，芡实100克，莲子50克

调 料 花生油30克，盐少许，味精3克，葱5克

制作方法

① 将牛肚洗净切片，氽水；芡实洗净；莲子浸泡洗净；葱洗净切段。

② 炒锅上火倒入花生油，将葱爆香，倒入水，下入牛肚、芡实、莲子，调入盐、味精，小火煲至熟即可。

小炒鲜牛肚

材 料 鲜牛肚 1 个，蒜薹 300 克，红椒 15 克

调 料 盐 6 克，味精 4 克，蚝油 8 克，香油 20 克，鸡精 5 克

制作方法

① 牛肚洗净卤好切条；蒜薹洗净切段；红椒洗净切丝。

② 倒油入锅，下入蒜薹、红椒、牛肚，加入盐、味精、蚝油、鸡精炒匀，淋上香油即可。

水晶羊肉

材 料 羊肉 500 克，琼脂 400 克

调 料 盐 4 克，味精 2 克，香菜 10 克，鲜椒味汁适量

制作方法

① 羊肉洗净切丝，氽熟，入碗；香菜洗净去根；琼脂放入蒸笼稍蒸，加盐、味精调味。

② 将羊肉淋入琼脂汁，放入冰箱冷却成冻，取出来，撒上香菜，蘸上鲜椒味汁即可食用。

姜汁羊肉

材 料 羊肉 400 克，姜 50 克，葱 20 克

调 料 盐 3 克，醋、料酒、酱油、味精各适量

制作方法

① 姜、葱均洗净，切末。

② 用部分姜末、醋、盐、味精、酱油加适量鲜汤调成汁。

③ 羊肉洗净，放入清水锅中，加入料酒、剩余的姜、葱末，煮熟，放冷切片，摆入碗中，浇上汤汁。

小炒羊肉

材 料 羊肉 500 克

调 料 盐 5 克，料酒 10 克，香油、酱油各适量，红椒米、姜末、蒜末、葱花各少许

制作方法

1. 羊肉洗净，切片，用盐、料酒、酱油腌渍。
2. 油烧热，下入羊肉翻炒至羊肉刚变色时，下入红椒米、姜蒜末、盐，烹入料酒，旺火翻炒，淋上香油，撒上葱花即成。

香芹炒羊肉

材 料 羊肉 400 克，香芹少许

调 料 盐、味精、醋、酱油、红椒、蒜各适量

制作方法

1. 羊肉洗净，切片；香芹洗净，切段；蒜洗净，切开；红椒洗净，切圈。
2. 锅内注油烧热，下羊肉翻炒至变色，加入香芹、蒜、红椒一起翻炒。
3. 再加入盐、醋、酱油炒至熟，最后加入味精调味，起锅装盘即可。

双椒炒羊肉末

材 料 青椒、红椒各 100 克，豆豉 10 克，羊肉 250 克

调 料 老姜 3 片，葱丝 20 克，盐适量

制作方法

1. 青、红椒洗净切片；姜去皮洗净切片；羊肉洗净切成细末。
2. 将羊肉末放入油锅中滑熟后盛出。
3. 锅上火，油烧热，放入豆豉爆香，再加入肉末快速翻炒过油，然后下入葱丝、青椒、红椒、姜片翻炒均匀，加盐调味即成。

板栗焖羊肉

材 料 羊肉500克，板栗、胡萝卜、白萝卜各适量

调 料 桂皮1片，八角3粒，糖3克，酱油5克，米酒10克，葱段、姜蓉、淀粉、香油各适量

制作方法

① 胡萝卜、白萝卜洗净切块；肉洗净切片。

② 烧热油锅，爆香葱段、姜蓉，下入羊肉小炒，再放入胡萝卜、白萝卜和其余调味料加水焖煮。

③ 放板栗焖煮至熟，淋入淀粉及香油即可。

洋葱爆羊肉

材 料 羊肉400克，洋葱200克，蛋清适量，西红柿1个

调 料 盐、料酒、水淀粉、香油、葱白各适量

制作方法

① 羊肉洗净切片，加盐、蛋清、水淀粉搅匀；洋葱、葱白、西红柿洗净切好。

② 盐、料酒、水淀粉搅成芡汁。

③ 油烧热，放入羊肉片，加洋葱搅散，入芡汁翻炒，淋香油，加葱白拌匀，西红柿片码盘装饰即可。

酱爆羊肉

材 料 羊肉400克，西蓝花300克，西红柿1个，蛋清适量

调 料 盐4克，辣椒粉5克，酱油、料酒各10克，葱段12克，水淀粉10克

制作方法

① 羊肉洗净切片，加盐、酱油、蛋清、水淀粉拌匀；西蓝花洗净，掰成小朵，在盐开水里烫熟；西红柿洗净切成瓣。

② 油锅烧热，加羊肉滑散，下辣椒粉、料酒、葱段翻炒，盛出后与西蓝花和西红柿摆盘即可。

葱爆羊肉

材 料 羊肉 500 克，大葱 200 克

调 料 香油、醋、姜汁、酱油、蒜末、料酒各适量

制作方法

① 将羊肉洗净，切成薄片；大葱洗净切段。

② 锅中放油烧热，下入羊肉片煸炒至变色，加料酒、姜汁、酱油、蒜末煸至入味。

③ 最后放入大葱、醋，爆炒至熟，淋入香油即成。

干锅羊排

材 料 羊排 400 克，干辣椒 25 克

调 料 葱段、姜片、老抽、料酒、香油、盐各适量，熟芝麻少许

制作方法

① 羊排洗净切块，用葱段、姜片、老抽、料酒腌渍 10 分钟；干辣椒洗净切段。

② 干锅中加入油，烧热后放羊排炒至干香，捞出。

③ 原锅再烧热，下干辣椒炝香，倒入羊排翻炒，再加入盐调味，淋上香油，撒上熟芝麻即可。

川香羊排

材 料 羊排 650 克，烟笋 80 克

调 料 辣椒段、八角、料酒、酱油、葱段、盐各适量，熟芝麻少许

制作方法

① 羊排洗净，切块，入汤锅，加水、八角煮烂，捞出；烟笋洗净泡发后，切成小条。

② 油烧热，下辣椒段、烟笋略炒，再加入羊排，烹入料酒炒香。

③ 加盐、酱油、葱段，撒上熟芝麻，即可。

一品鲜羊排

材 料 羊排600克，青椒、红椒和洋葱各50克

调 料 盐4克，酱油、糖、料酒、水淀粉各10克

制作方法

① 羊排洗净；青、红椒和洋葱均洗净切小丁备用。

② 将羊排用盐、料酒、酱油、糖腌渍20分钟后，下入烧热的油锅中，炸至金黄，捞出装盘。

③ 原锅烧热，加入青红椒、洋葱及盐翻炒至熟，用水淀粉勾芡，淋在羊排上即可。

葱拌羊肚

材 料 羊肚300克

调 料 盐2克，醋8克，味精1克，红油、葱、蒜各适量

制作方法

① 羊肚洗净，切成丝；葱、蒜洗净，切成丝。

② 锅内注水，烧开后，将羊肚丝放入开水中氽熟，捞出装盘。

③ 加入盐、醋、味精、红油、葱、蒜后，搅拌均匀即可。

凉拌羊杂

材 料 羊肝、羊心、羊肚、羊肺各70克

调 料 葱丝30克，香油、酱油、料酒各10克，胡椒粉、盐、味精各3克，熟芝麻8克

制作方法

① 羊肝、羊心、羊肚、羊肺均洗净，氽熟，捞出切片。

② 在羊杂中加入香油、酱油、料酒、胡椒粉、盐、味精、熟芝麻拌匀，撒上葱丝即可。

汤烩羊杂

材 料 羊肠、羊肚各150克，红椒50克

调 料 盐、味精各3克，醋、料酒、葱各10克

制作方法

① 羊肠、羊肚洗净切丝，葱洗净切段，红椒洗净切碎备用。

② 羊肠、羊肚在热水中余烫，捞出；油锅烧热，下入羊肠、羊肚，加入盐、醋、料酒，翻炒均匀，再加入红椒翻炒。

③ 锅中加水，开中火进行炖煮，快熟时，加入味精、葱段，煮匀即可。

炒羊肚

材 料 羊肚500克，粉丝、红椒、香菜各少许

调 料 盐3克，老抽15克，料酒20克

制作方法

① 羊肚洗净切丝，晾干；粉丝用温水焯过后沥干；红椒洗净切丝；香菜洗净。

② 炒锅置于火上，注入植物油，用大火烧热，下料酒，放入羊肚丝翻炒，再加入盐、老抽、红椒继续翻炒。

③ 炒至羊肚丝呈金黄色时，放入粉丝与香菜稍炒，起锅装盘即可。

干锅羊肚萝卜丝

材 料 羊肚丝800克，白萝卜丝200克

调 料 盐5克，味精2克，酱油8克，姜15克，蒜头20克，香菜段、料酒各10克，高汤适量

制作方法

① 油锅烧热，加蒜头爆锅，下萝卜丝煸炒，捞出；另起油锅烧热，放姜煸香，加羊肚丝、盐、酱油、料酒炒匀。

② 干锅加入高汤、味精和炒好的材料煮至烂熟，撒上香菜段即可。

益气补虚禽肉菜

鸡丝拉皮

材 料 鸡肉、拉皮各 200 克，红椒丝适量

调 料 盐 4 克，味精 2 克，料酒 10 克，香菜少许

制作方法

① 鸡肉洗净切丝，汆熟；拉皮洗净切条；香菜洗净切段。

② 拉皮与红椒丝分别焯水。

③ 油锅烧热，放入盐、味精、料酒，略炒一下成汁，淋在拉皮上，把鸡肉丝放在拉皮上，放上香菜、红椒丝即可。

麻酱拌鸡丝

材 料 鸡胸肉 500 克

调 料 盐、胡椒粉、料酒、红油、酱油、芝麻酱各少许，葱丝 20 克，姜丝 40 克

制作方法

① 鸡胸肉洗净，放入滚水中，加葱、姜及盐、胡椒粉、料酒烫熟，捞出，用手撕成细丝。

② 盘中铺入葱丝、姜丝及鸡肉丝，淋上红油、酱油、芝麻酱拌匀即可。

口福手撕鸡

材 料 鸡 400 克

调 料 酱油、蚝油、料酒各 10 克，胡椒粉适量，葱末、姜末各少许

制作方法

① 鸡洗净，涂上酱油，入热油中炸上色。

② 油锅烧热，爆香葱、姜，炸至焦黄时捞出，加入蚝油、料酒、胡椒粉和凉开水烧开，放入鸡，煮 20 分钟，捞出放凉。

③ 将鸡肉切块，按照鸡肉纹理撕碎，摆盘。

板栗辣子鸡丁

材 料 鸡 300 克，板栗 100 克，青、红椒圈各少许

调 料 高汤，盐、酱油、蒜末、姜末各适量

制作方法

① 鸡洗净，切块；板栗剥皮洗净，沥干。

② 油烧热，放板栗肉炸成金黄，再入鸡块煸炒，下酱油、姜、盐、蒜、高汤焖熟。

③ 取瓦钵 1 只，将鸡块、板栗连汤一起倒入，置火上煨至八成烂，再入炒锅，放青、红椒圈，炒至汁干即可。

腰果鸡丁

材 料 鸡肉 300 克，熟腰果 80 克

调 料 淀粉、料酒、盐、葱末、姜末、蒜末、鸡汤各适量

制作方法

① 鸡肉切丁，用淀粉上浆。

② 油烧热，放鸡丁滑熟后盛出；腰果炸至金黄色后，捞出沥油；另起锅加油烧热，下葱、姜和蒜爆锅，加入鸡汤、盐、料酒，烧开后放入鸡丁和腰果，勾芡，装盘即可。

宫保鸡丁

材 料 鸡肉 200 克，油炸去皮花生米 50 克

调 料 干辣椒 5 克，醋 15 克，料酒 8 克，盐、姜末、水淀粉各 3 克

制作方法

① 鸡肉洗净，切丁，用盐、水淀粉拌匀。干辣椒洗净。将盐、醋、料酒调成汁。

② 油锅烧热，爆香干辣椒，下入鸡丁炒散，下姜末快速翻炒，加入调味汁炒匀，起锅时将花生米放入即可。

板栗烧鸡翅

材 料 鸡翅600克，板栗150克

调 料 葱、姜、盐、料酒、冰糖、香油、高汤各适量

制作方法

1. 将鸡翅洗净斩成块。
2. 油锅烧热，下入板栗炸至外酥，捞起待用。
3. 锅内留少许油，放入鸡翅、盐、冰糖、料酒、葱、姜炒匀，再加入板栗和高汤烧透，勾芡，淋香油，起锅装盘即成。

可乐鸡翅

材 料 鸡翅500克

调 料 酱油、可乐适量

制作方法

1. 将鸡翅洗净，剁成小块，再放入开水中汆一下，捞出备用。
2. 将鸡翅放入锅中，加入可乐、酱油及适量清水，用旺火烧开。
3. 再改用小火慢烧，不断翻动，烧至鸡翅熟烂，汤汁浓稠，起锅装盘即可。

卤鸡翅

材 料 鸡翅600克

调 料 盐3克，冰糖、料酒、酱油各适量，综合卤包1个，蒜、葱段、姜片各20克

制作方法

1. 鸡翅洗净，放入开水中，加入一半葱及姜片烫熟，捞出。
2. 锅中放水、酱油、盐、冰糖、料酒、综合卤包、蒜，加剩下的葱段和姜片，再加入鸡翅煮开，熄火闷3小时，捞出鸡翅，盛入盘中，即可。

黑胡椒鸡翅

材 料 鸡翅 400 克，包菜 300 克

调 料 盐 4 克，红酒 100 克，冰糖 50 克，蒜 10 克，黑胡椒酱适量

制作方法

① 蒜去皮切片；包菜洗净，焯水后盛盘。

② 鸡翅洗净，用盐稍腌，入热油锅中炸熟。

③ 锅中留油继续加热，爆香蒜，放入炸熟的鸡翅及黑胡椒酱、清水、料酒、糖炒至汤汁收干，盛入装有包菜的盘中即可。

鸡翅小炒

材 料 鸡翅 400 克，蒜苗 200 克

调 料 盐 4 克，味精 3 克，鸡精 2 克，嫩肉粉适量，料酒 5 克，老抽 5 克，干辣椒 10 克

制作方法

① 将鸡翅洗净切小段，加入嫩肉粉及适量盐、味精、鸡精、料酒腌渍入味；蒜苗、干辣椒洗净切丝备用。

② 锅上火烧热油，炒香蒜苗、干辣椒，放入鸡翅炒至熟，加入老抽、盐、味精、鸡精炒匀入味即可。

干椒爆鸡胗

材 料 鸡胗 300 克，芹菜段适量

调 料 盐 3 克，醋 8 克，酱油 10 克，干辣椒适量

制作方法

① 鸡胗洗净，切成大片；干辣椒洗净，切成斜段。

② 油锅内注油烧热，放入鸡胗翻炒至变色，加入芹菜段、干辣椒一起炒匀。

③ 再加入盐、醋、酱油翻炒至熟，起锅装盘即可。

泡椒鸡胗

材 料 鸡胗 500 克，野山椒、红泡椒各 20 克

调 料 盐 5 克，鸡精 2 克，胡椒粉 2 克，蒜、姜各 10 克

制作方法

① 鸡胗洗净切十字花刀；蒜、姜洗净切片。

② 锅上火，注入适量清水，调入少许盐，水沸后放入鸡胗汆烫，至七成熟时捞出，沥干水分。

③ 油锅烧热，放入姜片、蒜片、野山椒、红泡椒炒香，加入鸡胗，调入盐、鸡精、胡椒粉炒至熟，即可装盘。

鸡胗黄瓜

材 料 黄瓜、鸡胗各 200 克

调 料 盐、花雕酒、淀粉、红椒片、鸡精、葱末、姜片、蒜片各适量

制作方法

① 黄瓜洗净，切金钱片，焯水后捞出沥水；鸡胗洗净，切片，汆水后快速捞出。

② 油锅烧热，放入葱末、姜片、蒜片略煸，把鸡胗、黄瓜钱、红椒片倒入锅内，加花雕酒、盐、鸡精，勾芡出锅。

鸭子煲萝卜

材 料 鸭子 250 克，白萝卜 175 克，枸杞 5 克

调 料 盐少许，姜片 3 克

制作方法

① 将鸭子处理干净斩块汆水，白萝卜洗净去皮切方块，枸杞洗净备用。

② 锅上火倒入水，下入鸭肉、白萝卜、枸杞、姜片，调入盐煲至熟即可。

茶树菇鸭汤

材 料 鸭肉 250 克，茶树菇少许

调 料 鸡精、味精、盐各适量

制作方法

① 鸭肉斩成块，洗净后余水；茶树菇洗净。

② 将鸭肉、茶树菇放入盅内蒸 2 小时。

③ 最后放入鸡精、味精、盐即可。

黄金酥香鸭

材 料 鸭肉 250 克，玉米粒 100 克，干辣椒 100 克

调 料 香油 20 克，盐 5 克，味精 5 克，料酒适量

制作方法

① 鸭肉洗净，斩成小块，加少许盐、料酒腌渍 5 分钟。

② 炒锅放油烧热，下玉米粒炸至酥脆后，盛起备用。

③ 另起锅放油烧热，放进干辣椒爆香后，放进鸭肉、玉米粒煸炒，快熟时放盐、味精、香油，炒匀盛出。

吉祥酱鸭

材 料 老鸭 1 只，花椒、桂皮、姜末、葱末各 10 克

调 料 酱油 50 克，白糖、黄酒各 20 克，盐 10 克

制作方法

① 先用酱油、花椒、桂皮、白糖制成酱汁。

② 老鸭洗净后用盐、黄酒、姜、葱腌渍入味，晾干后放入酱汁内浸泡至上色，捞起，挂在通风处。

③ 加糖、姜、葱、黄酒，笼蒸熟斩件即可。

红烧鸭

材　料 鸭肉 350 克

调　料 盐 3 克，酱油、豆瓣酱各 8 克，高汤适量，香菜少许

制作方法

① 鸭洗净，斩件；香菜洗净待用。

② 油锅烧热，下豆瓣酱炒香，放入鸭件炒至无水分，加入酱油炒至上色。

③ 锅内倒入高汤烧至汁干，加盐调味后撒上香菜即可。

五香烧鸭

材　料 鸭 1 只

调　料 白糖、酱油、盐、黄酒各适量，五香粉少许，葱、姜各 10 克

制作方法

① 将鸭处理干净；酱油、五香粉、黄酒、白糖、葱、姜、盐装盆调匀。

② 把鸭放入调料盆中浸泡 2～4 小时，翻转几次使鸭浸泡均匀。

③ 锅上旺火，放入少许清水，将浸泡好的鸭子放入，水开后改用小火煮，待水蒸发完，鸭子体内的油烧出，改用小火，随时翻动，当鸭油收净后，鸭子即熟，表面呈焦黄色，切条装盘即可。

小炒鲜鸭片

材　料 鸭子 500 克，芹菜 250 克，红辣椒 50 克

调　料 老干妈酱、蒜、姜、盐、米酒各适量

制作方法

① 将鸭子洗净，切薄片，氽去血水后捞出；姜洗净，切片；芹菜洗净切小段；红辣椒洗净切成圈；蒜去皮，切片。

② 锅烧热下油，下老干妈酱、蒜片、姜片、红椒圈爆香，加入鸭片、芹菜翻炒。

③ 炒至将熟时下盐、米酒炒匀，装盘即可。

冬瓜薏米煲老鸭

材 料 冬瓜200克，鸭1只，红枣、薏米各少许
调 料 盐3克，胡椒粉2克

制作方法

① 冬瓜洗净，切块；鸭处理干净，切块；红枣、薏米泡发，洗净备用。

② 锅上火，油烧热，加水烧沸，下鸭汆烫，以滤除血水。

③ 将鸭转入砂钵内，放入红枣、薏米烧开，小火煲约60分钟，再放入冬瓜煲熟，加盐和胡椒粉调味即可。

干锅啤酒鸭

材 料 鸭500克，泡椒200克，啤酒50克，蒜苗、青椒块各适量
调 料 盐3克，老抽10克，料酒20克，姜末适量

制作方法

① 鸭洗净，切块，用盐、料酒腌渍后待用；泡椒洗净；蒜苗洗净切块。

② 油锅烧热，加姜末炒香，放鸭块翻炒，加泡椒、盐、老抽、料酒炒匀，再加水、啤酒焖熟。

③ 加入青椒块、蒜苗炒匀即可。

鸭肉炖魔芋

材 料 鸭肉250克，魔芋丝结100克，蘑菇200克，枸杞50克
调 料 料酒20克，盐15克，味精5克，醋5克，姜片20克

制作方法

① 鸭肉洗净切块，其他材料洗净。

② 锅下油烧热，下鸭肉、料酒，稍炒至肉结，加适量清水，转大火炖煮。

③ 煮至快熟时，下魔芋丝结、蘑菇、枸杞，并下其他调味料，一起炖熟即可。

干锅口味鸭

材 料 鸭600克，青辣椒、红辣椒各少许

调 料 盐、酱油、料酒适量、大蒜、姜末各少许

制作方法

① 鸭洗净，切成块，用盐、料酒腌渍后备用；青红椒洗净切片；大蒜洗净。

② 锅置于火上，注油烧热，放入姜末炒香后，放入腌渍好的鸭块翻炒，再加入盐、酱油、料酒继续翻炒。

③ 注水，并加入青辣椒、红辣椒，再焖煮10分钟左右即可。

盐水鸭肝

材 料 鸭肝150克，葱10克，姜5克，红椒1个

调 料 盐、大料、香菜各10克，蒜5克

制作方法

① 鸭肝洗净；葱洗净切丝；姜洗净切片；香菜洗净切段；红椒洗净切丝；蒜洗净剁成蓉。

② 将鸭肝放入盐水锅中，加入大料卤煮熟，捞出，切成片，调入盐、姜片、葱、香菜、红椒丝、蒜蓉，拌匀即可。

黄焖鸭肝

材 料 鸭肝500克，鲜菇50克，清汤300克

调 料 酱油50克，白糖、甜面酱、绍酒、葱段、姜片各适量

制作方法

① 鸭肝氽水切条；鲜菇对切焯水。

② 油锅烧热，下白糖炒化，加清汤、酱油、葱、姜、鲜菇煸炒，制成料汁。

③ 油锅烧热，加甜面酱煸出香味，加鸭肝、清汤、绍酒、料汁煨炖5分钟，拣去葱、姜，装盘即成。

第五章

防病健骨豆制品

八珍豆腐

材 料 盒装豆腐1盒，皮蛋1个，咸蛋黄1个，榨菜20克，松仁、肉松各适量，红椒2个，葱1根

调 料 生抽、盐、糖、胡椒粉、麻油各适量

制作方法

① 将豆腐切成小块，沸水烫熟，放入盘中；皮蛋去壳切条，咸蛋黄切碎，榨菜切碎，和松仁、肉松一起拌入豆腐中。

② 将洗净的红椒、葱切碎，与生抽、盐、糖、胡椒粉、麻油一起调匀，淋入盘中即可。

花生米拌豆腐

材 料 豆腐600克，花生米、皮蛋各适量

调 料 盐4克，葱花、红油、熟芝麻各少许

制作方法

① 豆腐洗净，放入沸水中焯烫，取出切丁，待冷却。

② 皮蛋去壳切丁；油锅烧热，加花生米、红油、盐炒成味汁；将皮蛋放在豆腐上，淋入味汁，撒上葱花和熟芝麻即可。

草菇虾米豆腐

材 料 豆腐150克，虾米20克，草菇100克

调 料 香油5克，白糖3克，盐适量

制作方法

① 草菇洗净，沥水切碎，入油锅炒熟，出锅凉凉；虾米洗净，泡发，捞出切成碎末。

② 豆腐放沸水中烫一下捞出，放碗内凉凉，沥出水，加盐，将豆腐打散拌匀；将草菇碎块、虾米撒在豆腐上，加白糖和香油搅匀后扣入盘内即可。

蒜苗烧豆腐

材 料 豆腐 250 克，蒜苗 50 克，红辣椒适量

调 料 红油、盐、鸡精、酱油、淀粉各适量

制作方法

① 把豆腐洗净，切成丁；蒜苗、红辣椒洗净，切碎；淀粉加水调成糊待用。

② 炒锅置大火上，加入油，放入豆腐块翻炒 2 分钟。

③ 加入红油、盐、鸡精、酱油翻炒 1 分钟，然后淋入淀粉糊，再煮 2 分钟，撒入蒜苗和红辣椒，装盘即可。

皮蛋凉豆腐

材 料 豆腐 150 克，皮蛋 50 克

调 料 葱 20 克，蒜 10 克，盐 5 克，红油 10 克

制作方法

① 豆腐洗净，切成薄片；皮蛋略煮，洗净，去壳，剁碎；葱、蒜洗净，切成末。

② 豆腐放入盐水中焯一下水，捞出，沥干水分，摆在盘中。

③ 撒上皮蛋碎、葱末、蒜末，淋上红油即可。

香椿拌豆腐

材 料 豆腐 150 克，香椿 80 克，熟花生米 30 克

调 料 盐 3 克，酱油、香油各 8 克

制作方法

① 豆腐洗净，切成薄片，放入盐水中焯透，取出，沥干水分，装盘。

② 香椿洗净，用开水焯一下，捞出，沥干水分，切成碎末，撒上盐、酱油，和豆腐拌匀。

③ 淋上香油，撒上花生米即可。

肉丝豆腐

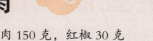

材 料 豆腐 400 克，猪肉 150 克，红椒 30 克

调 料 盐、酱油、香油、葱花、味精、熟芝麻各适量

制作方法

① 猪肉洗净切丝；红椒洗净切圈；豆腐洗净切块。

② 豆腐稍烫，捞出沥干，装盘；酱油、盐、味精、香油调成味汁，淋在豆腐上。

③ 油锅烧热，放入猪肉，加盐、红椒、葱花炒好，放在豆腐上，撒上熟芝麻即可。

四色豆腐

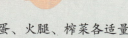

材 料 豆腐、咸蛋黄、皮蛋、火腿、榨菜各适量

调 料 生抽 10 克，蒜末、红椒丝、香菜段各 8 克

制作方法

① 豆腐洗净切方块，焯熟，捞出装盘；咸蛋黄捣碎；皮蛋、火腿、榨菜切末。

② 将咸蛋黄、皮蛋、火腿、榨菜分别放在豆腐上。

③ 生抽、蒜末加入适量凉开水拌匀，制成味汁，淋在豆腐上，撒上红椒丝、香菜段。

鸡蛋蒸日本豆腐

材 料 鸡蛋 1 个，日本豆腐 200 克，剁辣椒 20 克

调 料 盐、味精各 3 克

制作方法

① 取出豆腐切成 2 厘米厚的段。

② 将切好的豆腐放入盘中，将鸡蛋打入豆腐中间，撒上盐、味精。

③ 将豆腐与鸡蛋置于蒸锅上，蒸至鸡蛋熟后取出；另起锅置火上，加油烧热，下入剁辣椒稍炒，淋于蒸好的豆腐上即可。

潮式炸豆腐

材 料 嫩豆腐8块

调 料 盐3克，葱白、香菜、蒜蓉各少许

制作方法

1 豆腐洗净，对角切成三角形，然后用食用油炸至金黄色。

2 葱白、香菜洗净，切段，加入蒜蓉、开水、盐，调成味汁。

3 将炸好的豆腐放入碟中，拌味汁食用。

麻婆豆腐

材 料 豆腐300克，牛肉末150克，豆豉少许

调 料 葱花、辣椒粉、酱油、花椒粉、淀粉各适量

制作方法

1 豆腐洗净切方块，焯烫；豆豉剁碎。

2 锅中注油烧热，下牛肉末煸炒，再加入豆豉和辣椒粉，炒出辣椒油。

3 放入豆腐、酱油及适量开水，小火烧透，用淀粉勾芡，再加葱花拌匀，撒入花椒粉，出锅即成。

蟹黄豆腐

材 料 豆腐200克，咸蛋黄、蟹柳各50克

调 料 盐3克，蟹黄酱适量

制作方法

1 豆腐洗净切丁，装盘；咸蛋黄捣碎；蟹柳洗净，入沸水烫熟后切碎。

2 油锅烧热，放入咸蛋黄、蟹黄酱略炒，调入盐炒匀，出锅盛在豆腐上。

3 将豆腐放入蒸锅蒸10分钟，取出，撒上蟹柳碎即可。

家常豆腐

材　料 豆腐 300 克，韭菜 20 克，红尖椒 10 克

调　料 大蒜 5 克，盐 3 克，味精 2 克，淀粉适量

制作方法

① 豆腐洗净，切成小方块；韭菜洗净，切成小段；尖椒洗净，切成小圈；大蒜去皮，剁成蓉。

② 锅中加油烧热，下入豆腐块，煎至两面呈金黄色，捞出沥油。

③ 原锅下油烧热，下入尖椒、蒜蓉炒香后，再下入豆腐、韭菜翻炒，加盐、味精调味，出锅时以淀粉勾芡即可。

香辣豆腐皮

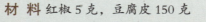

材　料 红椒 5 克，豆腐皮 150 克

调　料 葱 8 克，盐 3 克，生抽、红油各 10 克，熟芝麻 3 克

制作方法

① 将豆腐皮用清水泡软切块，入热水焯熟；葱洗净切末；红椒洗净切丝。

② 将盐、生抽、红油、熟芝麻拌匀，淋在豆腐皮上，撒上红椒、葱即可。

香油豆腐皮

材　料 红椒少许，香油 10 克，豆腐皮 150 克

调　料 盐 3 克，香菜、生抽各 5 克，葱适量

制作方法

① 豆腐皮用水洗净，切成小块；红椒洗净，切成丝；葱洗净切段；香菜叶洗净。

② 豆腐皮、红椒入沸水中焯熟，沥干装盘。

③ 加盐、葱段、香油、香菜叶、生抽拌匀即可。

千层豆腐皮

材 料 豆腐皮 500 克

调 料 盐 4 克，味精 2 克，酱油、红油各 10 克，熟芝麻、葱花各适量

制作方法

① 豆腐皮洗净切块，放入开水中稍烫，捞出，沥干水分备用。

② 用盐、味精、酱油、熟芝麻、红油调成味汁，将豆腐皮泡在味汁中；将豆腐皮一层一层叠好放盘中，最后撒上葱花即可。

淮扬扣三丝

材 料 豆腐皮 200 克，香菇、金针菇、午餐肉各 80 克，上海青适量，鸡汤 600 克，红椒丝少许

调 料 盐 2 克

制作方法

① 香菇洗净，去柄留菌盖；豆腐皮、午餐肉均切丝；金针菇、上海青洗净。

② 锅内加鸡汤烧沸，放入香菇、豆腐皮、金针菇、午餐肉、上海青煮熟，加盐调味，捞起摆盘，将汤倒入碗内，撒上红椒丝即可。

腐皮上海青

材 料 腐皮 70 克，上海青 80 克

调 料 盐 5 克，老抽 10 克

制作方法

① 上海青择洗干净，取其最嫩的部分，放在盐水中焯烫，装入盘中；腐皮用水浸透后卷起。

② 炒锅上火，加油烧至五成热，加入腐皮、老抽，炸至腐皮呈金黄色时出锅。

③ 将腐皮整齐地码在上海青上即可。

腊肉煮腐皮

材　料　腊肉、虾仁各100克，豆腐皮200克；萝卜20克，土豆30克，红椒、青椒各10克

调　料　盐5克，料酒10克，鸡精2克，香菜少许

制作方法

① 原材料处理干净切好。

② 热锅入油，放腊肉炒至出油，放入豆腐皮、萝卜丝、土豆丝、青椒、红椒、虾仁，稍翻炒，烹入料酒、鸡精、盐，加适量水煮熟，撒上香菜即可。

豆皮千层卷

材　料　熟豆皮200克，葱50克，青椒适量

调　料　豆豉酱适量

制作方法

① 熟豆皮切片；葱洗净，切段；青椒去蒂洗净，分别切圈、切丝。

② 将葱段、青椒丝用豆皮包裹，做成豆皮卷，再将青椒圈套在豆皮卷上，摆好盘。

③ 配以豆豉酱食用即可。

香辣豆腐皮

材　料　豆腐皮400克

调　料　盐3克，味精1克，醋6克，老抽10克，红油15克，葱少许，熟芝麻少许

制作方法

① 豆腐皮洗净，切正方形片；葱洗净切花；豆腐皮入水焯熟；盐、味精、醋、老抽、红油调成汁，浇在每片豆腐皮上。

② 将豆腐皮叠起，撒上葱花，斜切开装盘，撒上熟芝麻即可。

第六章

生肌健力蛋类

香煎肉蛋卷

材 料 肉末 80 克,豆腐 50 克,鸡蛋 2 个,红椒 1 个

调 料 盐、淀粉、香油各少许

制作方法

① 豆腐洗净剁碎;红椒洗净切粒。

② 将肉末、豆腐、红椒装入碗中,加入调味料制成馅料。

③ 平底锅烧热,将鸡蛋打散,倒入锅内,用小火煎成蛋皮,再把调好的馅用蛋皮卷成卷,入锅煎至熟,切段,摆盘即成。

洋葱煎蛋饼

材 料 鸡蛋 1 个,面粉 25 克,洋葱 25 克

调 料 盐 3 克

制作方法

① 将鸡蛋打入碗中,放入适量面粉搅拌均匀。

② 将洋葱洗净后切成丁,放入搅拌好的蛋液中。

③ 在混合蛋液中加入适量盐拌匀,下入油锅中煎成两面金黄色的蛋饼即可。

顺风蛋黄卷

材 料 猪蹄 1 只,咸鸭蛋、鸡蛋各 2 个

调 料 白醋、香油、盐各适量

制作方法

① 猪蹄处理干净,去骨肉,只留猪皮。

② 咸鸭蛋煮熟,取蛋黄捣碎;鸡蛋打入碗中,加盐和咸蛋黄搅成蛋液,注入猪皮中,用竹签穿好封口,入蒸笼中蒸 20 分钟,取出。

③ 将蒸好的猪蹄切片,淋上白醋、香油即可。

三鲜水炒蛋

材 料 鸡蛋1个，墨鱼片、虾仁、上海青、红椒各少许

调 料 盐、鲜汤、水淀粉各适量

制作方法

❶ 鸡蛋搅打成蛋液；墨鱼片、虾仁洗净；上海青洗净；水烧沸时下入鸡蛋液，至蛋液凝固且浮起后，盛出沥水。

❷ 油烧热，下虾仁、红椒、墨鱼片、上海青，放入鲜汤，用盐调味，用水淀粉勾芡，下入鸡蛋翻匀。

虾仁炒蛋

材 料 虾仁100克，鸡蛋5个，春菜少许

调 料 盐、鸡精各2克，淀粉10克

制作方法

❶ 虾仁调入淀粉、盐、鸡精腌制入味；春菜去叶留茎，洗净切细片。

❷ 鸡蛋打入碗中，调入盐拌匀。

❸ 锅上火，注少许油烧热，倒入拌匀的蛋液，稍煎片刻，放入春菜、虾仁，略炒至熟，出锅即可。

酸豆角煎蛋

材料 青椒、红椒、酸豆角各50克，鸡蛋100克

调料 盐3克

制作方法

❶ 青椒、红椒、酸豆角均洗净，切粒；鸡蛋磕入碗中，加盐、青椒、红椒和酸豆角拌匀。

❷ 油锅烧热，倒入拌好的鸡蛋煎成饼状，装盘即可。

酱炒香葱鸡蛋

材 料 酱油15克，鸡蛋100克，葱80克
调 料 盐3克

制作方法

① 鸡蛋入碗中打散；葱洗净，切段。
② 油锅烧热，下入鸡蛋翻炒片刻，再放入葱段同炒2分钟。调入盐和酱油炒匀即可。

双色蒸水蛋

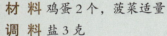

材 料 鸡蛋2个，菠菜适量
调 料 盐3克

制作方法

① 将菠菜洗净后切碎。
② 取碗，用盐将菠菜腌渍片刻，用力揉透至出水。
③ 再将菠菜叶中的汁水挤干净。
④ 鸡蛋打入碗中拌匀加盐，再分别倒入鸳鸯锅的两边，在锅的一侧放入菠菜叶，入锅蒸熟即可。

时蔬煎蛋

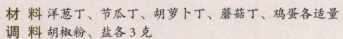

材 料 洋葱丁、节瓜丁、胡萝卜丁、蘑菇丁、鸡蛋各适量
调 料 胡椒粉、盐各3克

制作方法

① 鸡蛋打散，加盐、胡椒粉搅匀；油烧热，倒入所有蔬菜丁炒软，盖上锅盖焖一下。
② 打开锅盖，将蔬菜丁拨至锅边，在空出来的地方再倒入油，放鸡蛋稍煎，再拌入蔬菜丁煎成饼状；将蛋饼切块即可。

香葱火腿煎蛋

材料 鸡蛋 300 克，火腿肠 50 克，香葱 10 克

调料 盐 3 克，胡椒粉适量

制作方法

① 火腿肠去肠衣，切成小丁；香葱洗净，切成葱花。

② 将鸡蛋打入碗中，加入切好的火腿肠丁及葱花搅拌均匀，再加入盐和胡椒粉拌匀。

③ 油烧热，倒入蛋液，煎至鸡蛋两面金黄色时，出锅切块即可。

特制三色蛋

材料 皮蛋、咸蛋黄、鸡蛋各 2 个

调料 盐 1 克，香油 8 克

制作方法

① 皮蛋剥壳，对切，同咸蛋黄一起放入方形容器中；另取一碗，打入鸡蛋，加盐、清水搅拌成液后倒入方形容器中。

② 将容器放入蒸锅蒸 10 分钟取出，切片装盘，淋上香油即可。

龙眼丸子

材 料 鸡蛋 200 克，猪肥瘦肉 250 克，香菇 10 克

调 料 盐、姜、葱、香油、水淀粉、酱油各适量

制作方法

① 猪肥瘦肉洗净，剁成肉泥；姜、葱、香菇均洗净剁碎，和肉泥装碗中，加水淀粉、盐、香油、水搅拌至胶状。

② 鸡蛋煮熟去壳，用肉泥包裹均匀，炸至表面金黄，捞出；油烧热，入炸好的丸子翻炒，加水煮开，加酱油调味，出锅对切。

萝卜丝蛋卷

材 料 鸡蛋2个，白萝卜100克，剁椒适量

调 料 盐3克，红油8克，姜片、蒜蓉各少许

制作方法

① 白萝卜去皮，洗净切丝。

② 鸡蛋打散，加盐搅匀；油烧热，将鸡蛋液煎成蛋皮，上面铺萝卜丝，一边煎，一边卷起来；煎好的鸡蛋切成条状，码入盘中。

③ 油锅烧热，加入剁椒、姜、蒜炒香，盛在鸡蛋卷上，最后淋上红油即可。

三色蒸蛋

材 料 土鸡蛋3个，咸蛋黄1个，皮蛋1个

调 料 盐5克，味精3克，食用油5克

制作方法

① 将鸡蛋打散，加150毫升水，和盐、味精一起搅匀。

② 上笼蒸3分钟，出笼待用。

③ 皮蛋切片摆于蒸蛋上围边，咸蛋黄放于中间，再淋入食用油即可。

蛤蜊蒸水蛋

材 料 蛤蜊300克，鸡蛋2个，红椒少许

调 料 盐2克，葱末、蒜蓉各10克，生抽少许

制作方法

① 蛤蜊洗净；鸡蛋磕入碗中，加水、盐搅拌成蛋液；红椒洗净，去籽切末。

② 鸡蛋放入蒸锅中蒸10分钟，取出；油锅烧热，下蛤蜊炒至断生，加入红椒、蒜蓉同炒至熟，调入盐、生抽，盛在蒸蛋上。

③ 撒上葱末即可。

皮蛋豆腐

材　料 皮蛋1个，豆腐1盒，香菜、红椒丝各适量

调　料 盐4克，味精2克，鸡汤、葱各15克，香油5克

制作方法

① 豆腐取出切丁，装入盘中，放入蒸锅蒸熟后取出；葱洗净切花；皮蛋去壳切丁，加葱花、盐、味精、香油拌匀。

② 将拌好的皮蛋和切好的豆腐装盘摆齐后淋上鸡汤，再撒入适量香菜和红椒丝提味和装饰。

葱花蒸蛋羹

材　料 鸡蛋3个，葱花少许

调　料 盐适量

制作方法

① 将鸡蛋磕入大碗中打散，加入盐后搅拌调匀，慢慢加入约300毫升温水，边加边搅动。

② 入蒸锅，以小火蒸约10分钟，撒上葱花即可。

蛋里藏珍

材　料 鸡蛋8个，蘑菇3个，袖珍菇、金针菇、西蓝花、鱿鱼、火腿各适量

调　料 胡椒粉3克，盐5克

制作方法

① 原材料（鸡蛋除外）洗净，切成末状；鸡蛋煮熟，去蛋壳，掏去蛋黄。

② 油烧热，所有原材料（鸡蛋除外）炒熟，放入调料，装入掏空的蛋中，入锅蒸10分钟即可，周围摆上西蓝花作装饰。

鹌鹑蛋焖鸭

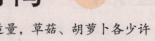

材　料 鸭肉、鹌鹑蛋各适量，草菇、胡萝卜各少许

调　料 葱段、姜片、料酒、盐、香油、淀粉各适量

制作方法

① 鸭肉洗净剁块，入沸水氽去血污；草菇洗净；胡萝卜洗净削成小球形；鹌鹑蛋煮熟，剥去蛋壳。

② 锅中油烧热，爆香姜片、葱段，加入鸭肉、草菇、胡萝卜炒熟，调入料酒和盐，加入鹌鹑蛋，用淀粉勾芡，淋入香油即可。

鸽蛋扒海参

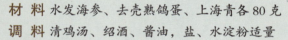

材　料 水发海参、去壳熟鸽蛋、上海青各80克

调　料 清鸡汤、绍酒、酱油，盐、水淀粉适量

制作方法

① 海参、上海青均洗净，入盐开水中焯水后捞出。

② 锅中放油烧热，放海参，加清鸡汤、绍酒、酱油、盐、水淀粉勾芡后装盘。

③ 再热油锅，下入鸽蛋炸至金黄色，与上海青围放在海参周围即成。

山珍烩鸽蛋

材　料 滑子菇、平菇、香菇、西蓝花、鸽蛋各适量

调　料 盐3克

制作方法

① 滑子菇、平菇、香菇、西蓝花均洗净切朵，焯水待用；鸽蛋入开水锅煮熟，去壳。

② 油锅烧热，下入滑子菇、平菇、香菇同炒2分钟，倒入适量清水烧开，再放入鸽蛋同煮，加入西蓝花，调入盐拌匀即可。

第七章

健脑美容水产

鱼丸蒸鲈鱼

材 料 鲈鱼 500 克，鱼丸 100 克

调 料 盐、酱油各 4 克，葱丝 10 克，姜丝 8 克

制作方法

① 鲈鱼处理干净；鱼丸洗净，在开水中烫一下，捞出。

② 用盐抹匀鱼的里外，将葱丝、姜丝填入鱼肚子和码在鱼身上，将鱼和鱼丸一起放入蒸锅中蒸熟；再将酱油浇淋在蒸好的鱼身上即可。

清蒸鲈鱼

材 料 鲈鱼 400 克

调 料 盐 5 克，酱油 5 克，姜 10 克，葱白 20 克，鸡精少许

制作方法

① 鲈鱼处理干净，用刀在鱼身两侧划几道斜刀花；姜洗净，切丝；葱白洗净，切丝。

② 用盐抹匀鱼的里外，然后将葱白丝、姜丝分别填入鱼肚和码在鱼肚上，放入蒸锅中，大火蒸 10 分钟。

③ 将鸡精、酱油调匀，浇淋在鱼身上即可。

干烧鲈鱼

材 料 鲈鱼 800 克

调 料 盐 6 克，香菜 3 克，酱油 8 克，蒜丁、姜丁各 10 克，料酒、醋、泡椒、香油各 15 克

制作方法

① 鲈鱼处理干净，在鱼身上打花刀，加盐、酱油腌渍入味。

② 油锅烧热，下鲈鱼炸至金黄色盛出，加泡椒、蒜丁、姜丁煸出香味，放入炸好的鱼，加入盐、醋、酱油、料酒，熟时，撒上香菜，淋入香油即可。

干烧鳜鱼

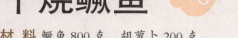

材 料 鳜鱼800克，胡萝卜200克

调 料 盐、葱花、酱油、葱白段、蒜丁各适量

制作方法

① 鳜鱼处理干净，用刀在鱼身两侧斜切上花刀，抹上盐、酱油腌渍；胡萝卜洗净，切丁。

② 油锅烧热，下鳜鱼煎至两面呈黄色，加蒜丁、葱白段、盐，煸出香味，下胡萝卜丁炒熟，撒上葱花即可。

清蒸鳜鱼

材 料 鳜鱼800克，青、红椒丝各10克

调 料 姜丝25克，葱丝20克，酱油10克，盐5克，香菜10克

制作方法

① 鳜鱼处理干净，用盐抹匀鱼的里外；香菜洗净，切段备用。

② 葱丝、姜丝放进鱼的肚子里，再将葱丝、姜丝及青、红椒丝码放在鱼肚上，入蒸锅蒸8分钟，将酱油调匀，浇淋在鱼身上，撒上香菜即可。

红烧甲鱼

材 料 甲鱼1500克

调 料 盐、酱油、蒜头、姜末、葱白段、葱花、糖、料酒、上汤各适量

制作方法

① 甲鱼处理干净切块；蒜头去皮备用。

② 油锅烧热，倒入葱白段、姜末、蒜头爆香，烹入酱油、料酒，加入上汤、清水，下入甲鱼块大火烧开，撇去浮沫。

③ 下入盐、糖继续烧至甲鱼熟烂，撒上葱花即可。

烤带鱼

材 料 带鱼 400 克

调 料 烧烤汁 30 克，色拉油 20 克，红椒粉 5 克，胡椒粉 3 克，盐 5 克

制作方法

① 带鱼处理干净，切成块状，撒上少许盐腌 30 分钟。

② 将带鱼放进盘中，调入烧烤汁、色拉油、红椒粉、胡椒粉，用高温烤 6 分钟，再翻面烤 5 分钟即成。

家常烧带鱼

材 料 带鱼 800 克

调 料 盐 5 克，葱白、料酒、蒜、淀粉、香油各少许

制作方法

① 带鱼处理干净，切块；葱白洗净，切段；蒜去皮，切片备用。

② 带鱼加盐、料酒腌渍 5 分钟，再抹一些淀粉，下入油锅中炸至金黄色。

③ 添入水，烧熟后，加入葱白、蒜片炒匀，以水淀粉勾芡，淋上香油即可。

辣烩鳝丝

材 料 鳝鱼 300 克，红椒、青椒各 20 克

调 料 盐 3 克，蒜 25 克，葱 15 克，辣椒油适量

制作方法

① 将鳝鱼处理干净，切丝；红椒、青椒、蒜、葱洗净，切碎。

② 锅中油烧热，放入红椒、青椒、蒜、葱爆香。

③ 放入鳝鱼，调入盐、辣椒油炒熟即可。

泡椒鳝段

材 料 鳝鱼600克，黄瓜300克，泡椒80克

调 料 盐4克，酱油8克，姜末、料酒各15克

制作方法

① 鳝鱼处理干净，切段，氽水后，捞出沥干；黄瓜去皮，洗净切段。

② 油锅烧热，放入姜末、泡椒，煸炒出香味，放入鳝鱼，加盐、料酒、酱油，翻炒均匀。

③ 熟时，淋明油出锅，将黄瓜装盘，码好造型即可。

葱油炒鳝蛏

材 料 鳝鱼、蛏子各200克，葱白段、蒜薹段各150克，红椒适量

调 料 盐、味精、生抽、料酒、糖各适量

制作方法

① 鳝鱼处理干净，切段；蛏子去壳，洗净；红椒洗净切丝。

② 油锅烧热，放入鳝鱼、蛏子，大火爆炒，加盐、生抽、糖、料酒，翻炒均匀。

③ 倒入蒜薹段、红椒丝炒匀，熟时加味精、葱白段，炒匀即可。

豆腐蒸黄鱼

材 料 黄鱼800克，豆腐300克

调 料 盐4克，干椒圈、葱丝各3克，豉油、黄酒、葱油各适量

制作方法

① 黄鱼处理干净切块，加入盐、黄酒抓匀；豆腐洗净，切大块。

② 将黄鱼放在豆腐上，撒上葱丝、干椒圈，入蒸笼蒸5分钟，取出蒸好的鱼，浇上豉油，再淋上烧至八成热的葱油即可。

家常黄花鱼

材 料 黄花鱼1条

调 料 醋、酱油、料酒各5克，白糖6克，盐3克，葱花、姜末各10克，蒜末5克

制作方法

① 黄花鱼处理干净。

② 锅中注入油烧热，放入葱花、姜末、蒜末炒香，加入水、料酒，放入黄花鱼，加入其他调味料，炖15分钟至入味即可。

泡椒黄鱼

材 料 黄鱼600克

调 料 豆瓣酱、盐各5克，香油、红油各少许，泡椒20克，葱花、姜末、料酒各15克

制作方法

① 黄鱼处理干净，在鱼身两侧切上花刀，用盐腌一下。

② 油锅烧热，放豆瓣酱、姜末煸出香味，放黄鱼煎至两面金黄，再加泡椒、红油、料酒及少许水焖干，撒入葱花，淋上香油即可。

红烧大黄鱼

材 料 大黄鱼600克

调 料 料酒、酱油、盐、葱花、姜末、淀粉、糖、香油各少许

制作方法

① 大黄鱼处理干净，鱼身上打一字花刀，加料酒、盐腌渍入味。

② 油烧热，放姜末煸香，放入大黄鱼煎熟，加料酒、盐、糖、酱油、清水，焖至鱼熟，改大火收汁，以水淀粉勾芡，撒上葱花，淋上香油即可。

酸辣鱿鱼卷

材 料 鱿鱼350克

调 料 葱段、姜片、红椒段、蒜片、泡椒节、豆瓣酱、料酒、醋、白糖、淀粉各适量

制作方法

① 鱿鱼洗净，切块，汆水；将料酒、醋、白糖、淀粉和少许清水调成味汁。

② 油锅烧热，下红椒、姜片、葱段、蒜片、豆瓣酱和泡椒节炒出香味，加入鱿鱼卷略炒，倒入味汁，出锅装盘即可。

韭菜鱿鱼须

材 料 鱿鱼须、韭菜各200克，红椒丝少许

调 料 盐、生抽、姜末、蚝油各适量

制作方法

① 鱿鱼须、韭菜洗净，切段。

② 鱿鱼须汆水，捞出沥水；油锅烧热，放入姜末爆锅，加入红椒丝、韭菜煸炒1分钟。

③ 放入鱿鱼须，调入蚝油、生抽、盐翻炒片刻即可出锅。

清蒸武昌鱼

材 料 武昌鱼800克，火腿片30克

调 料 盐5克，胡椒粉、料酒、姜片、葱丝、鸡汤各少许

制作方法

① 武昌鱼处理干净，在鱼身两侧剞上花刀，撒上盐、料酒腌渍。

② 用油抹匀鱼身，将火腿片与姜片置于其上，上笼蒸15分钟；锅中下鸡汤烧沸，浇在鱼上，撒胡椒粉、葱丝即成。

葱香武昌鱼

材 料 风干的武昌鱼600克

调 料 盐、味精各2克，葱花6克，干辣椒段10克，豆豉15克

制作方法

① 将风干的武昌鱼浸泡8分钟，取出切成条状，拼成鱼形，装入盘内。

② 将豆豉、干辣椒段炒香，加盐、味精调味，淋在鱼上；鱼上火蒸约6分钟，取出。

③ 撒上葱花，淋上热油即可。

青红椒炒虾仁

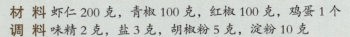

材 料 虾仁200克，青椒100克，红椒100克，鸡蛋1个

调 料 味精2克，盐3克，胡椒粉5克，淀粉10克

制作方法

① 青、红椒洗净，切丁备用；鸡蛋打散，搅拌成蛋液。

② 虾仁洗净，放入鸡蛋液、淀粉、盐码味后过油，捞起待用。

③ 锅内留少许油，下青、红椒炒香，再放入虾仁翻炒入味，起锅前放入胡椒粉、味精、盐调味即可。

韭菜炒虾仁

材 料 韭菜、虾仁各200克

调 料 味精3克，盐、姜各5克

制作方法

① 韭菜洗净后切成段；虾仁处理干净；姜洗净后切片。

② 锅上火，加油烧热，下入虾仁炒至变色。

③ 加入韭菜段、姜片，炒至熟软后，调入盐、味精即可。

草菇虾仁

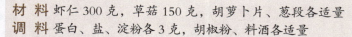

材　料　虾仁 300 克，草菇 150 克，胡萝卜片、葱段各适量
调　料　蛋白、盐、淀粉各 3 克，胡椒粉、料酒各适量

制作方法

① 虾仁洗净。
② 草菇洗净，焯烫。
③ 油烧热，放入虾仁炸至变红时捞出，余油倒出，另用油炒葱段、胡萝卜片和草菇，然后将虾仁回锅，加入蛋白、盐、胡椒粉、料酒同炒至匀，用淀粉勾芡盛出即可。

鲜虾芙蓉蛋

材　料　鲜虾 200 克，鸡蛋 2 个
调　料　盐 3 克，葱 20 克

制作方法

① 将鲜虾处理干净，取出虾仁，切丁，用盐稍腌入味；葱洗净切碎。
② 将鸡蛋打入碗中，调入盐，打散。
③ 将蛋液放入微波炉中，加热至半熟，取出。
④ 将虾仁、葱花放入取出的碗中，包上保鲜膜，再放入微波炉中高火加热 1~2 分钟即可。

西蓝花虾仁

材　料　西蓝花 250 克，虾仁 150 克
调　料　葱 15 克，姜 10 克，料酒 10 克，盐 6 克，味精 3 克

制作方法

① 葱洗净切段；姜洗净切片；西蓝花洗净，切小朵；虾仁洗净，加料酒、盐及葱、姜调匀腌渍，拣出葱、姜。
② 虾仁与西蓝花放碗中，加油、盐及味精，入微波炉加热至熟即成。

椒盐虾仔

材 料 虾仔 300 克，辣椒面 20 克

调 料 葱、姜、蒜、盐各 5 克，五香粉、生抽各 3 克

制作方法

① 将虾仔处理干净；葱洗净切圈；姜洗净切末；蒜洗净剁蓉。

② 将虾仔下入八成热的油中炸干水分，捞出。

③ 将辣椒面、盐、五香粉制成椒盐，下入虾仔中，加入葱、姜、蒜、生抽炒匀即可。

香辣蟹

材 料 肉蟹 500 克

调 料 葱段、姜片、盐、白糖、白酒、干辣椒、料酒、醋、花椒、鸡精各适量

制作方法

① 将肉蟹放在器皿中，加入适量白酒略腌，蟹醉后洗净，切成块。

② 锅中注油烧至三成热，下入花椒、干辣椒炒出麻辣香味。

③ 再放入姜片、葱段、蟹块、料酒、醋、鸡精、白糖和盐，翻炒均匀即可。

清蒸大闸蟹

材 料 大闸蟹 8 只

调 料 酱油、葱花、香醋各 50 克，糖、姜末、香油各 20 克

制作方法

① 将大闸蟹洗净，上笼蒸熟后取出，整齐地装入盘内。

② 将葱花、姜末、香醋、糖、酱油、香油调和作蘸料，分装小碟；同时准备好专用餐具：小砧板 1 块、小木槌 1 只及其他用具等。

③ 蒸好的蟹连同小碟蘸料、专用餐具上席，由食用者自己边掰边食。

泡椒小炒蟹

材 料 蟹 350 克，红泡椒 80 克，芹菜段 20 克

调 料 红油、蚝油各 10 克，味精 5 克，盐 3 克，料酒 8 克，葱丝、香菜各 10 克

制作方法

① 蟹处理干净，斩成小块；红泡椒、香菜洗净。

② 油烧热，将红泡椒、芹菜段放入，爆香，然后放入蟹块炒匀。

③ 放入红油、蚝油等调料翻炒，加少许清水，烧至水分快干时盛盘，撒上葱丝、香菜即可。

蒜蓉粉丝蒸蛏子

材 料 蛏子 700 克，粉丝 300 克，蒜头 100 克

调 料 生抽、鸡精、盐、葱花、香油各适量

制作方法

① 蛏子对剖开，洗净；粉丝用温水泡好；蒜头去皮，剁成蒜蓉备用。

② 油锅烧热，放入蒜蓉煸香，加生抽、鸡精、盐炒匀，浇在蛏子上，把泡好的粉丝也放在蛏子上，撒上葱花，淋上香油，入锅蒸 3 分钟即可。

辣爆蛏子

材 料 蛏子 500 克，干辣椒、青椒、红椒各适量

调 料 盐 3 克，味精 1 克，酱油 10 克，料酒 15 克

制作方法

① 蛏子洗净，放入温水中氽过后，捞起备用；青椒、红椒洗净切成片；干辣椒洗净，切段。

② 锅置火上，注油烧热，下料酒，加入干辣椒段煸炒后放入蛏子翻炒，再加入盐、酱油、青椒片、红椒片炒至入味。

③ 加入味精调味，起锅装盘即可。

家常海参

材　料 水发海参、上海青、瘦肉末各适量

调　料 酱油、水淀粉、盐、豆瓣末、蒜苗段、干尖椒段各适量

制作方法

① 水发海参切片；上海青洗净。

② 油锅烧热，下上海青煸炒片刻，加盐调味后摆盘；锅中留油烧热，爆香蒜苗段、干尖椒段和豆瓣末，注水烧开，倒入海参和瘦肉末焖熟，加盐、酱油调味，用水淀粉收汁，入盘即可。

干贝蒸水蛋

材　料 鲜鸡蛋3个，湿干贝、葱花各10克

调　料 盐2克，白糖1克，淀粉5克，花生油适量

制作方法

① 鸡蛋在碗里打散，加入湿干贝和所有的调味料搅匀。

② 将鸡蛋放在锅里隔水蒸12分钟，至鸡蛋凝固。

③ 将蒸好的鸡蛋撒上葱花，淋上花生油即可。

蹄筋烧海参

材　料 猪蹄筋、海参、西蓝花、干辣椒各适量

调　料 盐、料酒、酱油、葱段、蒜苗各适量

制作方法

① 猪蹄筋、海参洗净；西蓝花洗净，掰成块，置沸水中焯熟，排于盘中；干辣椒、蒜苗洗净，切段。

② 油锅烧热，下料酒，放入猪蹄筋翻炒一会儿，加盐、酱油炒入味，再加海参与葱段、蒜苗、干辣椒段一起翻炒至熟，装入排有西蓝花的盘中即可。

◆ 分类齐备选择多
◆ 养生菜肴轻松做
◆ 健康饮食每一天